WERKSTATTBÜCHER

FÜR BETRIEBSANGESTELLTE, KONSTRUKTEURE UND FACHARBEITER. HERAUSGEGEBEN VON DR.-ING. H. HAAKE, HAMBURG

Jedes Heft 50—70 Seiten stark, mit zahlreichen Abbildungen

Die Werkstattbücher behandeln das Gesamtgebiet der Werkstattstechnik in kurzen selbständigen Einzeldarstellungen: anerkannte Fachleute und tüchtige Praktiker bieten hier das Beste aus ihrem Arbeitsfeld, um ihre Fachgenossen schnell und gründlich in die Betriebspraxis einzuführen.

Die Werkstattbücher stehen wissenschaftlich und betriebstechnisch auf der Höhe, sind dabei aber im besten Sinne gemeinverständlich, so daß alle im Betrieb und auch im Büro Tätigen, vom vorwärtsstrebenden Facharbeiter bis zum leitenden Ingenieur, Nutzen aus ihnen ziehen können.

Indem die Sammlung so den Einzelnen zu fördern sucht, wird sie dem Betrieb als Ganzem nutzen und damit auch der deutschen technischen Arbeit im Wettbewerb der Völker.

Einteilung der bisher erschienenen Hefte nach Fachgebieten

I. Werkstoffe, Hilfsstoffe, Hilfsverfahren

II. Spangebende Formung

(Fortsetzung 3. Umschlagseite)

WERKSTATTBÜCHER

FÜR BETRIEBSANGESTELLTE, KONSTRUKTEURE UND FACHARBEITER. HERAUSGEBER DR.-ING. H. HAAKE, HAMBURG

HEFT 37

Metallmodelle, Gipsmodelle und Modellplatten für die Maschinenformerei

Von

Helmut Jung

Oberingenieur, Solingen

Zweite
neubearbeitete und erweiterte Auflage
des vorher von **Fr.** u. **Fe. Brobeck** bearbeiteten Heftes

(7.—12. Tausend)

Mit 175 Abbildungen

Springer-Verlag
Berlin / Göttingen / Heidelberg
1953

Inhaltsverzeichnis.

ISBN-13: 978-3-540-01758-5 e-ISBN-13: 978-3-642-87473-4

DOI: 10.1007/978-3-642-87473-4

Einleitung.

Das Herstellen von Werkstücken nach dem Gießverfahren setzt voraus, daß ein Modell, eine Schablone, eine Kokille oder ein Wachsabguß für die Fertigung zur Verfügung steht. Nur bei ganz einfachen Gußteilen, wie Platten und Blöcken, kann es gelegentlich vorkommen, daß der Former die Form gleich mit dem Lanzett in den Sand schneidet. Dies geschieht allerdings nur in Ausnahmefällen. Denn die auf diese Weise hergestellten Gußstücke sind maßlich sehr ungenau.

So alt die Gießerei ist, so alt ist auch die Modellherstellung, wobei in den Anfängen des Gießereiwesens die Verwendung von Gipsmodellen neben Wachsmodellen im Vordergrund stand. Während bei der Großstückherstellung in der Hauptsache Holzmodelle und Schablonen verwendet werden, haben sich in der Maschinenformerei in steigendem Maße Metallmodelle durchgesetzt. Dies nicht zuletzt aus dem Grunde, den Ansprüchen hinsichtlich der Maßhaltigkeit der Abgüsse mehr und mehr gerecht zu werden. Durch die zunehmende Verwendung der Formmaschine in allen Gießereizweigen und die Fertigung selbst größter Gußstücke auf der Maschine sind auch die Ansprüche an die Modelle und damit an den Modellbauer und Plattenhersteller ständig gestiegen.

Das vorliegende Heft, dessen erste Auflage (1929) mit dem Titel „Modell- und Modellplattenherstellung für die Maschinenformerei“ von Fr. und Fe. Brobeck bearbeitet worden ist, soll im wesentlichen eine anschauliche und gemeinverständliche Darstellung der Fertigung von Metallmodellen, Gipsmodellen und Modellplatten geben[1]. In seinem ersten Teil wird es sich mit der Herstellung von Metallmodellen befassen.

Es ist in diesem Sinne eine ausgesprochene Fachkunde für den Metallmodellbauer oder Modellschlosser. Dabei ist in erster Linie an die Herstellung von Metallmodellen von Grund auf gedacht, d. h. nach Zeichnung. In einem besonderen Abschnitt wird die Anfertigung von Metallmodellen durch Abformen eines hergerichteten Musterabgusses und Abgießen der Form in dem gewünschten Metall besprochen werden.

In seinem zweiten Teil geht das Heft auf die Herstellung von Gipsmodellen ein. Dabei sind die älteren und heute nicht mehr angewandten Verfahren nur angedeutet.

Im dritten und letzten Teil des Heftes wird die Anfertigung von Modellplatten besprochen. Während es im allgemeinen üblich ist, daß der Modellschlosser auch die Fertigung von montierten Modellplatten vornimmt, werden Gipsplatten von den Formern selbst oder von spezialisierten Fachleuten hergestellt. In manchen Gegenden nennt man diese Spezialarbeiter mit meist abgeschlossener Formerlehre Mustermacher.

---

[1] Folgende Hefte der Werkstattbücher ergänzen das vorliegende: Heft 14 u. 17, Löwer: Der Holzmodellbau I u. II; Heft 72, Kadlec: Fachkunde für den Modellbau; Heft 70, Naumann: Handformerei; Heft 66, Lohse/Allendorf: Maschinenformerei.

I. Herstellung von Metallmodellen und Kernkästen.

A. Einteilung der Modelle und Kernkästen.

1. Muttermodelle. Soll das nach Zeichnung oder Muster herzustellende Modell zur Anfertigung eines oder mehrerer für Formzwecke vorgesehenen Modelle benutzt werden, so nennt man das Modell *Muttermodell.* Bei der Herstellung von Massenartikeln auf der Formmaschine, unter Benutzung vieler gleicher Modelle auf einer Formplatte, wird stets ein Muttermodell gemacht werden müssen.

Für den Modellbauer ist wichtig, bei einem Muttermodell das doppelte Schwindmaß zu berücksichtigen (Abb. 1 bis 3 und Tab. 2, S. 11).

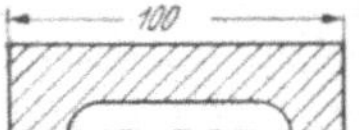

Abb. 1. Teil einer Werkzeichnung.

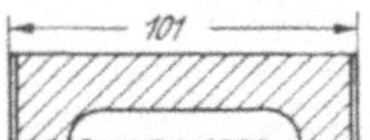

Abb. 2. Schwindmaßzugabe für das Arbeitsmodell = 1 Prozent (da Werkstück in GG[1]).

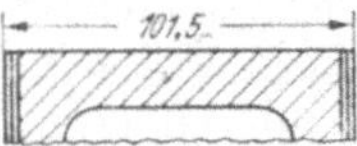

Abb. 3. Schwindmaßzugabe für das Muttermodell = 1 Prozent plus 0,5 Prozent = 1,5 Prozent (da Werkstück in GG[1] und Arbeitsmodell in Modellmetall).

Abb. 1—3. Beispiele von Schwindmaßzugaben.

2. Arbeitsmodelle. Dient ein Modell zur Herstellung von Abgüssen, d. h. wird es sofort für Formzwecke benutzt oder in einer Modellplatte verwandt, so nennt man es *Arbeitsmodell*, Gebrauchsmodell oder Hilfsmodell. In diesem Heft soll nur die Bezeichnung Arbeitsmodell benutzt werden. Sowohl bei den von Grund auf hergestellten als auch bei den durch Abformen der Muttermodelle erhaltenen Arbeitsmodellen muß das einfache Schwindmaß berücksichtigt werden (Abb. 2 und Tab. 2).

3. Urmodelle. Eine weitere Möglichkeit, ein Muttermodell in Metall herzustellen, ist die, daß man zunächst ein Holzmodell, ein sogenanntes Urmodell anfertigt. Nach diesem Urmodell wird dann ein Muttermodell in Metall hergestellt.

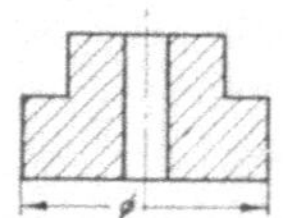

Abb. 4. Gußstück im Schnitt.

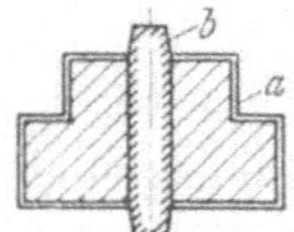

Abb. 5. Urmodell durch Auftragen von Wachs und Anbringen von Kernmarken provisorisch hergestellt. *a* Wachsschicht, *b* Kernmarke.

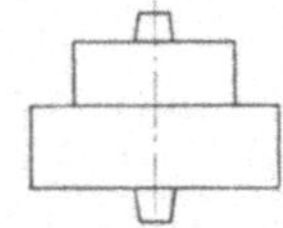

Abb. 6. Muttermodell durch Abformen des Urmodelles erhalten.

Abb. 4—6. Vom Gußstück über Urmodell zum Muttermodell.

Hierher gehört auch die Anfertigung von Muttermodellen nach einem Gußstück als Muster, wobei das Gußmuster durch Auftragen von Wachs und Einsetzen von Kernmarken, falls erforderlich, zu einem Urmodell provisorisch hergerichtet wird (Abb. 4 bis 6).

Für Gießereien, die eine Modellschreinerei und eine Modellschlosserei besitzen, ist die Herstellung eines Metall-Muttermodelles über ein Urmodell in Holz die billigste Art der Herstellung. Der Modellschlosser hat bei dieser Methode allerdings

[1] GG = Kurzzeichen für Grauguß (seit 1951, früher Ge = Gußeisen).

nur die Aufgabe, das Muttermodell durch Drehen, Fräsen, Hobeln, Feilen oder Schaben gebrauchsfertig zu machen.

4. Metallmodell, Holzmodell oder Gipsmodell? Als Werkstoff für die üblichen Muttermodelle und Arbeitsmodelle kann Metall, Holz, Kunstharz oder Gips Verwendung finden. Die Beantwortung der Frage, wann ein Metallmodell und wann ein Holzmodell oder Gipsmodell in Frage kommt, ist nicht mit wenigen Worten getan (von Kunstharzmodellen sei hier abgesehen). Außer von einigen wichtigen gießereitechnischen Gesichtspunkten ist sie mehr oder weniger von den Möglichkeiten und Fertigungsmethoden der Gießerei abhängig. Eins steht allerdings fest, ein Metallmodell ist in fast allen Fällen teurer als ein Holzmodell und viel teurer als ein Gipsmodell. Einige andere Gesichtspunkte mögen hier erwähnt sein. Ist die herzustellende Anzahl der Gußstücke gering, so daß die Anfertigung von Hand geschieht, so wird ein Arbeitsmodell aus Holz vollauf genügen. Ist dagegen die Anfertigung einer größeren Anzahl Gußteile auf der Formmaschine vorgesehen, so werden die entsprechenden Arbeitsmodelle zweckmäßig aus Metall bestehen müssen. Das in diesem Falle vorher zu erstellende Muttermodell kann jedoch sowohl aus Holz als auch aus Metall hergestellt werden. Die Entscheidung darüber wird neben der Kostenfrage auch von der Art des Gußteiles und der Eigenart der Gießerei abhängen.

In der Großstückgießerei findet man in der Hauptsache Modelle und Schablonen aus Holz. Nicht selten fügt man bei Holzmodellen Modellteile in Metall ein, wenn diese Teile besonders stark beansprucht werden. Mehr noch als bei Modellen wendet man solche Metallarmierungen bei Holzkernkästen an.

Muttermodelle in Metall wird man überall dort vorziehen, wo es auf genaue Wanddicken, genaue Winkel und unveränderte Maße selbst bei langer Lagerung und bei wiederholter Anfertigung von Arbeitsmodellen ankommt.

Als Arbeitsmodelle für Modellplatten können die in der Kleinstück-Gießerei üblichen Holzmodelle nur benutzt werden, wenn es sich um die Herstellung einfacher montierter Platten handelt, aber auch nur dann, wenn die herzustellende Menge von Gußstücken gering ist.

Die Herstellung eines Metallmodelles von Grund auf, d. h. nach Zeichung durch Zusammenlöten der einzelnen Aufbauteile, ist auch bei modern eingerichteten Gießereien noch sehr kostspielig. Trotzdem aber nimmt man die Kosten wegen der Vorzüge, die das Metallmodell besitzt, in vielen Fällen gerne in Kauf.

5. Nicht geteilte und geteilte Modelle. Die Eigenart eines Gußteiles bzw. seine konstruktive Ausführung bestimmt auch die Ausführung des Modelles. Für die Plattenherstellung und auch für die Einzelanfertigung von Gußteilen ist es stets vorteilhaft, wenn das Modell eine Ebene besitzt, die das glatte Auflegen auf einen Aufstampfboden gestattet. Bei geteilten Modellen ist diese Möglichkeit fast immer vorhanden (Abb. 7 und 8).

Auch gibt es ungeteilte Modelle, die ohne weiteres von einem glatten Aufstampfboden aus aufgestampft werden können (Abb. 9).

Im Gegensatz dazu gibt es Konstruktionen, die weder eine Teilung des Modelles in zwei Hälften, noch eine glatte Auflage zulassen. In solchen Fällen muß das Modell bis zur Formteilung in einen Sandboden eingelassen oder durch Sandballen unterstützt und begrenzt werden (Abb. 10 und 11).

Daß diese Gesichtspunkte bereits vor Beginn der Modellherstellung geklärt sein müssen, ist selbstverständlich. Denn ein ungeteiltes Modell, welches eine Teilung gestattet hätte, kann später nicht ohne weiteres in ein geteiltes Modell umgearbeitet werden.

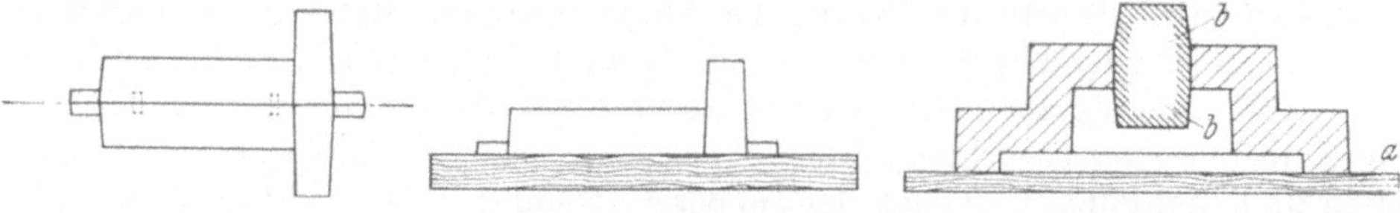

Abb. 7. Modell in zwei Hälften.

Abb. 8. Unterkastenhälfte auf dem Aufstampfboden.

Abb. 7 u. 8. Geteiltes Modell.

Abb. 9. Nichtgeteiltes Modell mit glatter Auflagefläche. Werkaufriß einer Stufenscheibe. *a* Aufstampfboden, *b* Kernmarken.

Außer zweiteilig kann ein Modell dreiteilig und sogar vierteilig gearbeitet sein. Die Form, die nach diesem Modell hergestellt wird, ist ebenfalls entsprechend mehrteilig (Abb. 12 bis 13).

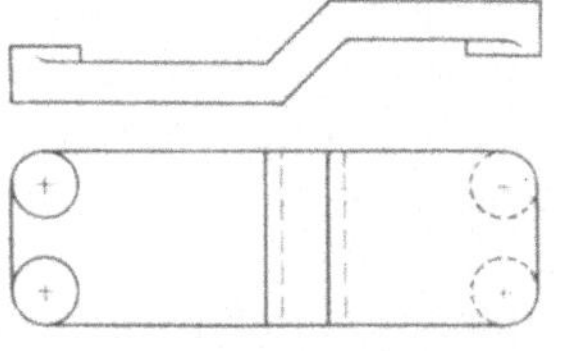

Abb. 10. Modell in zwei Ansichten.

Abb. 11. Modell auf dem Aufstampfboden durch Sandballen unterstützt. *a* Modell, *b* Sandballen.

Abb. 10 u. 11. Nicht geteiltes Modell.

Nicht selten findet man auch bei Metallmodellen lose Teile angebracht. Allerdings ist das Arbeiten mit losen Metallteilen nicht so einfach wie mit losen Teilen bei Holzmodellen. Durch ihr Gewicht bleiben solche Metallteile nicht an ihrem

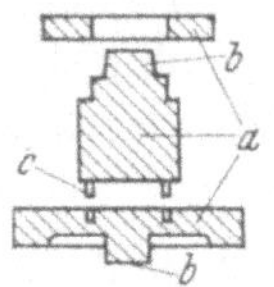

Abb. 12. Modell. *a* Modellteile, *b* Kernmarken. *c* Dübel.

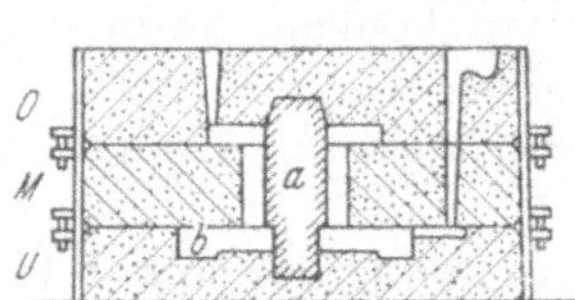

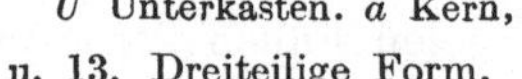

Abb. 13. Form. *O* Oberkasten, *M* Mittelkasten, *U* Unterkasten. *a* Kern, *b* Form.

Abb. 12 u. 13. Dreiteilige Form.

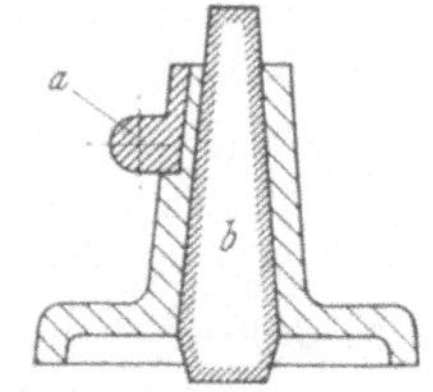

Abb. 14. Modell eines Bohrmaschinenfußes. *a* loses Teil (angeschwalbt), *b* Kern.

Ort in der Sandform haften, sondern rutschen gerne aus ihrer Lage, noch bevor sie von dem Former mit Hilfe geeigneter Werkzeuge herausgenommen werden. Lose Metallteile können nicht einfach durch Formerstifte am Hauptkörper festgehalten werden, sondern müssen durch Schwalbenschwanzführung gesichert werden (Abb. 14).

6. Nicht geteilte und geteilte Kernkästen. Ein Kern muß ohne Schwierigkeiten und vor allem unverletzt aus dem Kernkasten herausgenommen werden können. Dies ist eine der wichtigsten Bedingungen, die bei der Herstellung des Kernkastens berücksichtigt werden muß. Die Gestalt des Kernes bestimmt Art und Ausführung des Kernkastens, wobei außerdem auch noch die Herstellungsmethode mitbestimmend ist. Bei der Anfertigung der Kerne auf Blasmaschinen oder Kernpressen müssen oft andere Kernkastenausführungen gewählt werden als bei der Handanfertigung der Kerne.

Da der Hohlraum eines Gußstückes sehr verzweigt und abgesetzt sein kann, findet man nicht selten Kernkästen der kompliziertesten Art. Mehr als bei Mo-

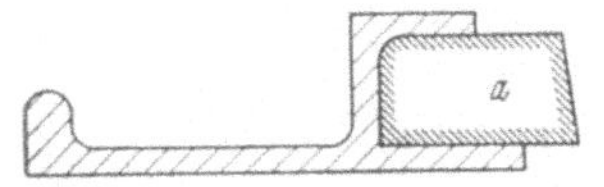

Abb. 15. Werkaufriß eines Werkstückes. *a* Kern.

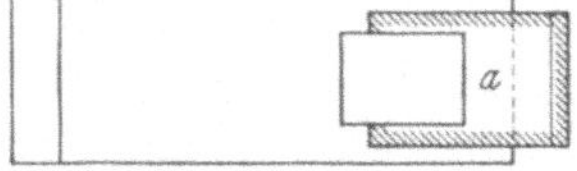

Abb. 16. Modell mit Kernmarke in der Draufsicht. *a* Kernmarke.

Abb. 17. Kernkasten für Kern *a* (Abb. 15).

Abb. 15—17. Nicht geteilter Kernkasten für einen unregelmäßig geformten Kern (Façonkern).

dellen hat man dreiteilige und vierteilige Kernkästen und solche mit losen Teilen. Der Ausschütt-Kernkasten ist ein typisches Beispiel eines mehrteiligen Kernkastens.

Einteilige Kernkästen können sehr einfach sein. Andererseits gibt es einteilige Kernkästen für Façonkerne, die bei ihrer Herstellung erheblich viel Arbeit machen (Abb. 15 bis 17).

Der einfachste geteilte Kernkasten ist der Kernkasten für zylindrische Kerne (Abb. 18). Auch Kästen für plattenförmige Kerne können zweiteilig und sehr einfach sein (Abb. 19).

Bei der Herstellung der Kerne sind drei wichtige Dinge zu beachten, nämlich die Entlüftung, die Versteifung und die richtige Verdichtung der Kerne. Und

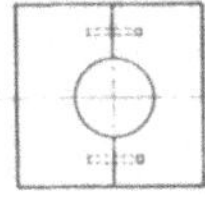

Abb. 18. Kernkasten für zylindrischen Kern.

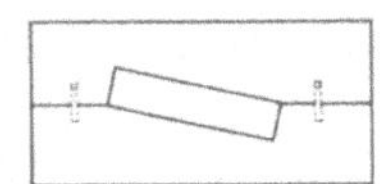

Abb. 19. Kernkasten für flachen, rechteckigen Kern.

diese Gesichtspunkte müssen bereits beim Kernkastenbau berücksichtigt werden, d. h. es muß die Möglichkeit gegeben sein, oben angeführte Vorgänge ohne weiteres bei der Kernherstellung durchführen zu können.

In Abb. 20 bis 21 ist ein zweiteiliger Kernkasten gezeigt, der sowohl gut zu versteifen, als auch zu verdichten und zu entlüften ist.

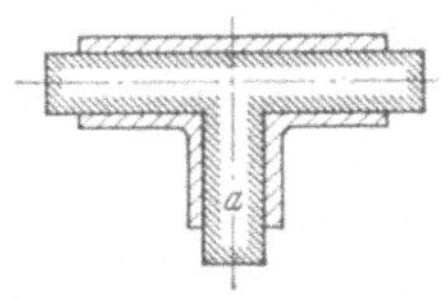

Abb. 20. Werkaufriß eines Verbindungsstückes. *a* T-Kern mit kreisförmigem Querschnitt.

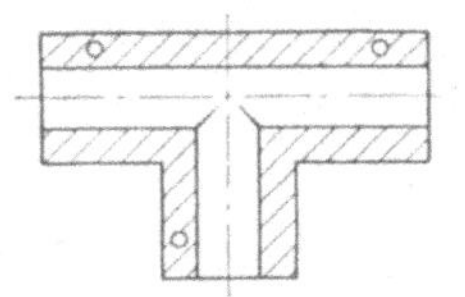

Abb. 21. Kernkasten für T-förmigen Kern (Abb. 20).

Abb. 20 u. 21. Geteilter Kernkasten.

7. Naturmodell — Kernmodell. Liegt dem Modellschlosser die Konstruktionszeichnung eines Gußstückes vor, so wird er zunächst prüfen, ob das zu erstellende Modell als Naturmodell oder als Kernmodell ausgeführt sein muß. Dabei versteht man unter einem Naturmodell jenes Modell, das dem späteren Abguß genau entspricht, also ohne Kernmarken gearbeitet ist. Wichtig ist jedoch, daß das Naturmodell eine einwandfreie Formschräge besitzt und diese Formschräge gegen Ober- und Unterkasten genau abgegrenzt ist.

Abb. 22 bis 23 zeigen das Naturmodell eines Lagers, das aber nur dann einen sauberen Abguß gewährleistet, wenn eine absolut scharfe Abgrenzung des Oberkastens gegen den Unterkasten durchgeführt werden kann. Zu diesem Zweck

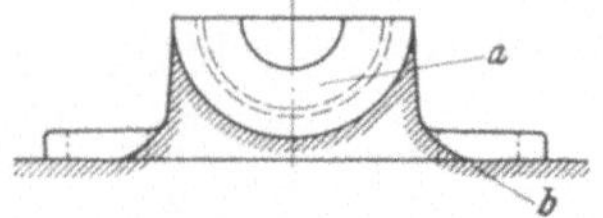

Abb. 22. Vorderansicht des Lagers mit angedeuteter Abgrenzung. *a* Modell, *b* Abgrenzung durch Sandballen.

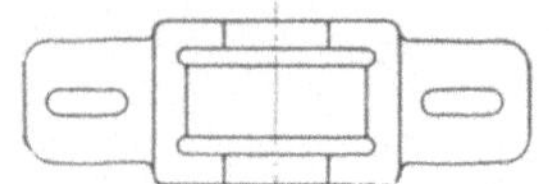

Abb. 23. Draufsicht auf das Lager.

Abb. 22 u. 23. Naturmodell eines Lagers.

müssen die seitlichen halbkreisförmigen Teile des Lagers durch Ballen abgegrenzt sein (Abb. 22).

Ein Kernmodell ist, wie der Name schon sagt, mit Kernmarken gearbeitet, die das Einlegen des Kernes gestatten und dem Kern den nötigen Halt geben. Das schließt allerdings nicht aus, daß in manchen Fällen die Kerne durch Kernstützen gehalten oder durch Formerstifte zusätzlich festgesteckt werden müssen. Im allgemeinen unterscheidet man stehende, liegende und hängende Kerne. Die Kernmarken nehmen oft einen größeren Raum ein als das eigentliche Gußstück (Abb. 24 bis 25).

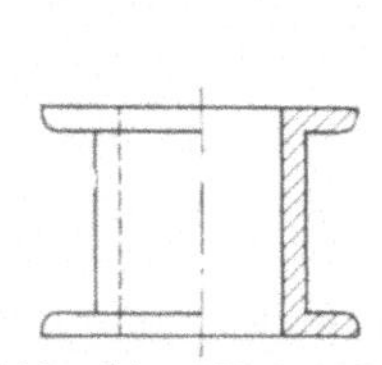

Abb. 24. Werkzeichnung einer Spule.

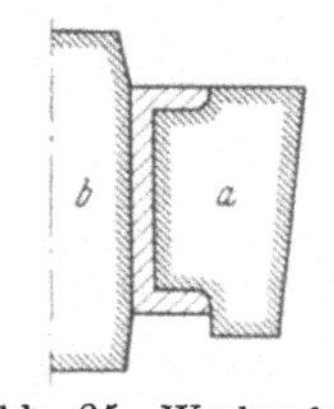

Abb. 25. Werkaufriß. *a* Ringkern, *b* Bohrungskern.

Abb. 24 u. 25. Kernmodell.

B. Werkstoffe, Werkzeuge und Maschinen.

1. Ansprüche an den Modellbauwerkstoff. Von den technischen Metallen und Metall-Legierungen haben sich nur einige als gute Modellbauwerkstoffe eingeführt. Denn es ist nicht gleichgültig, welche Metalle und Legierungen für Modellbauzwecke Verwendung finden. Das Verhalten der Modelle in der Praxis ist von größter Bedeutung und nicht zuletzt verlangt auch die Herstellungsmethode besondere Eigenschaften. Das Metallmodell muß einigen Ansprüchen genügen, die nachstehend im groben aufgeführt sind:

a) Der Modellbauwerkstoff muß *gut gießbar* sein. Das Rohmaterial muß sich ohne Schwierigkeiten schmelzen und in Sandformen und Kokillen gießen lassen. Die unter Verwendung des Muttermodelles hergestellten Formen für Arbeitsmodelle werden meist in Lehm oder in dem für das Metall gebräuchlichen Formsand angefertigt.

Für den Aufbau von Muttermodellen nach Zeichnung benutzt man Blöcke, Platten und Rundstäbe, die durch entsprechende Bearbeitung zu dem Modell selbst oder zu Aufbauteilen des Modells verarbeitet werden.

b) Der Werkstoff muß sich *gut bearbeiten* lassen. Da ein Metallmodell an sich schon sehr teuer ist, legt man Wert darauf, die Arbeitszeit für die Bearbeitung möglichst niedrig zu halten.

c) Bei dem nach Zeichnung herzustellenden Modell müssen sich die einzelnen Aufbauteile, falls solche vorhanden, *durch Lote* miteinander *verbinden* lassen. Beschädigte Modelle müssen bequem ausgebessert werden können.

d) Das Modell muß eine glatte Oberfläche gewährleisten.

e) Auch bei längerer Lagerung soll sich das Modell an seiner Oberfläche nicht verändern. Unedle Metalle, die rasch oxydieren und dabei eine sich abhebende Oyxdschicht bilden, sind ungeeignet. Es sei denn, daß durch einen Lacküberzug die Oberfläche vor der Oxydation geschützt wird.

f) Das Modell darf durch die Berührung mit den Formstoffen und Gießerei-Hilfsstoffen nicht angegriffen werden.

g) Das Modell muß standfest und starr sein. Vorstehende Rippen und Kanten dürfen sich in der Fertigung von Abgüssen nicht verbiegen oder verdrehen.

2. Metalle für den Modellbau. Im vorhergehenden Abschnitt wurde bereits erwähnt, daß sich nur wenige Metalle oder Metall-Legierungen als Modellbau-Werkstoffe eignen. Reine Metalle werden selten zur Modellfertigung benutzt. In Tab. 1 sind einige wichtige Metalle aufgeführt.

Das Normblatt DIN 1511 sieht als Modellbau-Werkstoff u. a. Blei- und Zinklegierungen (nach DIN 1728 und 1724), Grauguß (nach DIN 1691), Leichtmetall (nach DIN 1725) und Messing (nach DIN 1709) vor.

Eine der wichtigsten Metall-Legierungen ist die unter dem Namen Modellmetall gehandelte Blei-Antimon-Legierung mit Zinnzusatz. Ihre Zusammensetzung bewegt sich in folgenden Grenzen:

5 bis 10 Prozent Zinn
8 bis 15 Prozent Antimon
70 bis 80 Prozent Blei.

Diese Legierung hat den Vorteil, daß sie leicht schmelzbar, gut zu bearbeiten und gut lötbar ist.

Es gibt Betriebe, die sich aus Weichblei und Antimon ihr Modellmetall selbst herstellen. Dabei ist es wichtig zu beachten, daß zunächst das schwer schmelzbare Antimon geschmolzen und dann das Blei zugesetzt wird. Als Schmelzöfen für Modellmetall sind gasbeheizte oder elektrisch beheizte Tiegelöfen in Gebrauch.

Das Metall wird mit Schöpflöffeln aus dem Tiegel herausgenommen. Solche Schöpflöffel können aus Stahl oder Temperguß hergestellt sein, ihr Fassungsvermögen beträgt je nach Größe 1 bis 5 kg Schwermetall oder 0,5 bis 3 kg Leichtmetall. Nicht selten werden Schöpflöffel sofort zum Schmelzen selbst benutzt, wobei aber stets der Schmelzvorgang beobachtet werden muß. Das Metall darf nicht zu heiß werden und der Schöpflöffel nicht zur Seite kippen.

In behelfsmäßigen Fällen kann das Modellmetall auch in einem einfachen Koksfeuer oder Kohlefeuer geschmolzen werden. Die Schmelztiegel für Blei sind meist aus einfachem Stahl hergestellt.

Reines Blei kommt als Modell-Werkstoff kaum in Frage. Es ist zu weich. Dünnwandige Modelle oder Rippen und Vorsprünge würden sich rasch verbiegen.

Reines Antimon findet ebenso wie reines Blei keine Verwendung. Antimon ist außerordentlich spröde und besitzt einen verhältnismäßig hohen Schmelzpunkt. Sein kristalliner Aufbau bedingt seine Sprödigkeit in Verbindung mit einer porösen Oberfläche.

Reines Zinn ist für die Modellherstellung zu teuer. Ebenso findet man selten Modelle aus reinem Zink.

Leichtmetallgießereien verwenden ebenso wie Schwermetallgießereien ihren eigenen Handelswerkstoff zur Modellherstellung. Wo das Schmelzen von Leichtmetall- bzw. Schwermetall-Legierungen kein Problem ist, ist in diesen Werkstoffen zweifellos ein vorzügliches Material für die Modellherstellung gegeben. Leichtmetalle haben dabei noch den Vorteil, daß sie keine besondere gewichtsmäßige Belastung der Modelle und Modellplatten darstellen. Schwermetallmodelle lassen sich vorzüglich bearbeiten und erlauben glatte Oberflächen. In Tab. 1 sind die wichtigsten Legierungen für den Metallmodellbau zusammengestellt.

Tabelle 1. *Metalle für den Modellbau.*

Kurzzeichen	Benennung	Zusammensetzung	Schmelzpunkt	Wichte
		Reine Metalle		
Al	Aluminium	reinst	658°	2,7
Sb	Antimon	reinst	630°	6,68
Pb	Blei	reinst	327°	11,34
Fe	Eisen	reinst	1535°	7,86
Cu	Kupfer	reinst	1084°	8,92
Mg	Magnesium	reinst	657°	1,74
Ni	Nickel	reinst	1453°	8,90
Ag	Silber	reinst	960°	10,5
Zn	Zink	reinst	419°	7,1
Sn	Zinn	reinst	232°	5,81
		Metall-Legierungen		
—	Modellmetall	10% Sn, 15% Sb, 75% Pb	rund 400°	10,09
—	Modellmetall	5% Sn, 10% Sb, 85% Pb	rund 380°	10,55
G Ms 63	Gußmessing 63	63% Cu, 3% Pb, Rest Zn	930°	8,4—8,7
G Bz 20	Gußbronze 20	80% Cu, 20% Sn	900°	8,8
Rg 10	Rotguß 10	86% Cu, 10% Sn, 4% Zn	980°	8,5
G Al Si	Gußaluminium	10—13% Si, 0,5% Mn, Rest Al	rund 700°	2,65
GG	Grauguß	rd. 95% Fe, Rest C, Si, Mn, P u. S	rund 1100°	7,25
		Weichlote (Din 1707)		
L Sn 30	Zinnlot 30	30% Sn, 70% Pb	257°	9,82
L Sn 33	Zinnlot 33	33% Sn, 67% Pb	250°	9,65
L Sn 40	Zinnlot 40	40% Sn, 60% Pb	225°	9,25
L Sn 60	Zinnlot 60	60% Sn, 40% Pb	189°	8,10

Die zum Schmelzen von Leichtmetall- und Schwermetall-Legierungen vorzugsweise benutzten Tiegelöfen können mit Koks, Öl, Gas oder Elektrizität beheizt werden. Die Schmelztiegel, die aus Graphit oder aus Eisen mit feuerfester Auskleidung bestehen, sind in den verschiedensten Größen zu haben. Ihr Inhalt wird in Kilogramm Schmelzgut angegeben.

In Stahlgießereien sowie in Eisen- und Tempergießereien verwendet man häufig Graugußmodelle. Diese Modelle sind sehr haltbar, der Werkstoff Grauguß oder Gußeisen ist relativ billig, jedoch ist die Bearbeitung schwieriger als bei allen anderen Modellbau-Werkstoffen.

3. Metalle für den Kernkastenbau. Kernkästen sind in den weitaus meisten Fällen einem größeren Verschleiß ausgesetzt als Modelle und Modellplatten, ganz gleich, ob die Kerne auf Kernblasmaschinen, Kernpressen oder durch Stampfen von Hand angefertigt werden. Aus diesem Grunde finden Blei- und Zinnverbindungen im Kernkastenbau keine Verwendung. Auch das Gewicht der Kernkästen spielt eine wichtige Rolle, man denke daran, daß der Kernmacher unter Umständen am Tage den Kernkasten einige hundert Male bewegen oder anheben muß.

Kernkästen aus Aluminium-Legierungen haben sich bestens bewährt; sie verbinden den Vorteil einer nicht geringen Verschleißfestigkeit mit geringem Gewicht. Dazu kommt, daß sich Al-Legierungen verhältnismäßig gut bearbeiten lassen.

Schwermetallgießereien verwenden oft ihren eigenen Handelswerkstoff zur Herstellung von Kernkästen. Ebenso stellen Eisengießereien ihre Kernkästen in Grauguß her, falls der Kernkasten klein ist und das Gewicht in Kauf zu nehmen ist.

Modellschlossereien, die über gute und verschiedene Bearbeitungsmaschinen verfügen, können ihre Kernkästen durch Drehen, Hobeln, Bohren und Fräsen aus Blockmaterial herstellen. Andere dagegen sind gezwungen, Kernseelen oder Kernstämme anzufertigen, auf diese Gipsbrei zu gießen und schließlich den so entstandenen Gipskernkasten in Metall oder Eisen abzuformen. In dem Abschnitt II „Herstellung von Gipsmodellen“ ist unter C 1 (Seite 27) auch die Herstellung eines Gipskernkastens obiger Art erwähnt (Abb. 68 bis 71).

4. Schwindmaße und Bearbeitungszugaben. Die Erfahrung lehrt, daß sich alle Stoffe ausdehnen, wenn man sie erwärmt. Umgekehrt ziehen sie sich zusammen, wenn man sie abkühlt. Ein flüssiges Metall stellt einen über den Schmelzpunkt hinaus erhitzten Körper dar, der sein Volumen beim Erkalten verringert. Diese Volumenabnahme nennt man Schwindung. Je nach der Art des Metalles und der Höhe der Erhitzung des Modelles muß die Schwindung berücksichtigt werden. Das bedeutet, daß das Modell um soviel größer sein muß, wie das gegossene Stück beim Erkalten schwindet.

In Tab. 2 sind die Schwindmaße für die wichtigsten gegossenen Metalle und Legierungen zusammengestellt.

Tabelle 2. *Schwindmaße für gegossene Metalle und deren Legierungen.*

Bleiguß	1,0%	Nickelguß	2,0%
Bronzeguß	1,5%	Rotguß	1,5%
Gußeisen	1,0%	Stahlguß	2,0%
Leichtmetallguß	1,25···1,5%	Temperguß	1,5%
Messingguß	1,5%	Weißmetall	0,5%
Modellmetall		Zinkguß	1,6%
oder Hartblei	0,5%	Zinnguß	0,5%

Die Schwindmaße in dieser Tabelle stellen Mittelwerte dar, die nicht ausschließen, daß in besonders gelagerten Fällen die Werte nach oben oder nach unten schwanken können. Gegebenenfalls ist mit der Gießerei wegen des Schwindmaßes in Verbindung zu treten. Tabelle 2 enthält die linearen, in einer Richtung gemessenen Schwindmaße. Die Raumschwindmaße sind entsprechend größer.

Tabelle 3. *Bearbeitungszugaben und Oberflächen.*

Kennwort	Kennzeichen	Oberflächenbeschaffenheit	Bearbeitungszugabe	Ausführung
Roh		roh bleibende Oberfläche	keine Zugabe	Gußhaut
Putzen	~	glatte Oberfläche	keine Zugabe	sauber gießen
Schruppen	▽	Schruppfläche	Zugabe	gehobelt, gedreht
Schlichten	▽▽	Schlichtfläche	Zugabe	gefräst, gefeilt
Schleifen	▽▽▽	Schleiffläche	Zugabe	geschliffen

Bei der Modellherstellung ist außer dem Schwinden auch die Bearbeitung zu berücksichtigen. Die weitaus meisten Gußstücke werden nach dem Gießen ganz oder teilweise bearbeitet. Es ist deshalb ringsum oder auch nur an einigen Stellen eine Zugabe an Material erforderlich, die eine saubere Oberfläche nach der Bearbeitung gewährleistet. Diejenigen Stellen, die nicht bearbeitet werden, müssen sauber gegossen und gereinigt sein.

5. Werkzeuge für den Modellbau. a) Meßwerkzeuge. Die Meßwerkzeuge sind für den Modellbauer das wichtigste Handwerkszeug. Sie bedürfen deshalb besonderer Pflege und Behandlung. Gute Meßwerkzeuge bilden die Grundlage für jede einwandfreie Modellfertigung. Aus ihrem Vorhandensein und Gebrauch kann man auf die Güte der Arbeit schließen. Bei der Metallmodellherstellung gilt als Maßeinheit das Millimeter. Alle auf einer Zeichnung angegebenen Maße ohne nähere Benennung sind Millimetermaße.

Für Messungen bis 0,5 mm Genauigkeit benutzt man das *Metermaß*, das *Bandmaß aus Stahl*, den *Außentaster* und den *Innentaster.*

Messen auf 0,1···0,05 mm Genauigkeit gestatten die mit einem Nonius versehenen Schieb- oder *Schublehren.* Die gebräuchlichste Art ist die kombinierte Schublehre für Außen-, Innen- und Tiefenmessungen.

Die *Mikrometerschraube* mit einer Meßgenauigkeit von 0,01 mm wird im Modellbau nicht sehr häufig gebraucht.

Ausgesprochene *Tiefenmaße* zum Messen von Wanddicken und Lochtiefen sind sehr vorteilhaft.

Für die Winkelmessung dienen *Winkel* und *Schmiegen* aus Stahl. Je nach Verwendungszweck unterscheidet man rechte Winkel, Vier- oder Sechskantwinkel und ganz besonders *Meßwinkel* oder Haarwinkel. Schmiegen haben bewegliche Schenkel und sind mit dem *Winkelmesser* auf jede beliebige Winkelgröße einstellbar.

Zum Ausrichten von Werkstücken, besonders bei der Hobelbank, dienen *Wasserwaagen.*

b) Werkzeuge zum Anreißen und Vorzeichnen. Das Anreißen eines Werkstückes hat den Zweck, die Maßangaben von der Zeichnung auf das Werkstück bzw. das Modell zu übertragen. Von der Sorgfalt dieser Arbeit hängt es wesentlich ab, ob die zu fertigenden Modelle und Kernkästen nicht nur brauchbar, sondern vor allem maßhaltig sind.

Als Unterlage dient eine sauber gehobelte und geschliffene *Anreißplatte.* Der *Reißstock* oder *Parallelreißer* trägt waagerecht eine Reißnadel, die mit einer feststellbaren Hülse senkrecht und winklig verstellt werden kann. Mit dem Reißstock kann jedes beliebige Höhenmaß vom *Maßständer* abgenommen und auf das Werkstück bzw. Modell übertragen werden.

Zum Anreißen von zylindrischen Körpern benutzt man *Prismenstücke.* Der *Spitzzirkel* dient zum unmittelbaren Übertragen der Maße vom Stahlbandmaß oder Stahllineal auf das Werkstück und zum Anreißen von Kreisen. Linien werden mit der *Reißnadel* gezogen.

Zum Übertragen von größeren Abmessungen benutzt man Stangenzirkel. Rechtwinklige Risse werden mit Hilfe des *Anschlagwinkels* angebracht und zur Bestimmung von Kreismittelpunkten dienen *Zentrierwinkel.*

Mit dem *Handkörner* werden herzustellende Bohrungen angekörnt.

Weniger gebräuchlich ist das *Streichmaß*, das zum Anreißen gerader Linien parallel zur Kante des Werkstückes dient.

c) Feilen bilden den Hauptbestandteil im Werkzeugkasten des Metallmodellbauers. Die Wirkungsweise der Feilen gleicht der kleiner Meißel. Die Feilen werden je nach ihrer Verwendung einhiebig, doppelhiebig oder pockenhiebig gehauen. Für den Modellschlosser kommen in erster Linie grob gehauene Feilen in Frage. Wichtig ist, daß die Feilenangel fest im Griff oder Heft der Feile sitzt.

Unter den vielen Feilenarten sind die *Vierkantfeile* für die Bearbeitung von Schlitzen, Vierkantlöchern, die *Dreikantfeile* zum Ausfeilen von Ecken, die *Rundfeile* und die *Flachfeile* besonders hervorzuheben. Ferner sind zu nennen *Halbrundfeilen*, *Vogelzungenfeilen*, *Messerfeilen*, *Hohlkehlenfeilen* und *Griffelfeilen*.

Zum Einspannen der zu feilenden Modelle bzw. Modellteile dienen *Feilkloben*, *Spannkloben* und *Schraubstöcke*.

Um Modelle beim Einspannen in den Schraubstock nicht zu beschädigen, werden die Spannbacken des Schraubstockes mit einem *Weichbleimantel* umgeben. Zur Feilenreinigung benutzt man Feilenbürsten, mit Blei- oder Leichtmetallspänen zugesetzte Feilen lassen sich mit einem flachgeschlagenen *Kupferstab*, der auf die Feile gestoßen wird, bequem reinigen.

d) Schneidwerkzeuge. Unter Schneidwerkzeugen versteht man solche Werkzeuge, bei denen die Spanabnahme mit einer scharf geschliffenen Schneide unter Zug, Druck oder Schlag geschieht.

Im Modellbau finden die verschiedensten Arten Verwendung. Zum Bearbeiten von tiefer gelegenen Flächen sowie von Hohlkehlen u. dgl. benutzt man *Stecheisen* mit gerader und radiusförmiger Schneide in verschiedenen Breiten. Zum Nachziehen von Hohlkehlen dienen *Ziehschaber*, ebenfalls mit gerader oder radialer Schneide. Der *Dreikantschaber* bietet wegen seiner günstigen Form im Metallmodellbau eine vielseitige Anwendungsmöglichkeit.

Zum Bearbeiten von härteren Werkstoffen dienen *Stahlmeißel*, wobei man *Flach-*, *Kreuz-* und *Rundmeißel* unterscheidet.

Spiralbohrer in allen Abmessungen müssen vorhanden sein und für besondere Zwecke *Spitzbohrer*, *Zentrumsbohrer*, *Zapfenbohrer und Kanonenbohrer*.

Gewöhnliche Spiralbohrer verlaufen leicht in weichem Material wie Aluminium und Blei; man verwendet für solche Werkstoffe Spiralbohrer mit flachsteigender Spirale und größerem Schnittwinkel bei schnellerem Gang.

Zentrierbohrer dienen zur Anbringung von Anbohrlöchern und Körnersenkungen in Modellen, die zwischen den Körnerspitzen der Drehbank bearbeitet werden sollen.

Beim Arbeiten an der Drehbank müssen verschiedene Sorten Drehstähle zur Verfügung stehen. In erster Linie benötigt man einen rechten und einen linken *Drehstahl* als Seitenstahl, ferner den *Flachstahl*, den *Spitzstahl*, den *Abstechstahl*, runde und gerade *Bohrstähle* und besondere *Formstähle*.

e) Spezial- und Hilfswerkzeuge sowie Lötmittel. Die Herstellung komplizierter Modelle von Grund auf in Metall setzt voraus, daß es eine Möglichkeit gibt, das Modell aus Einzelteilen, die teils auf der Drehbank oder auf der Hobelbank hergestellt sind, zusammenzusetzen. Die wichtigste Methode, die diesem

Zweck dient, ist das *Zusammenlöten der Einzelteile.* Dabei muß die Verbindung fest und das Bindemittel ebenso haltbar wie der Modellwerkstoff sein.

Unter Löten versteht man die Verbindung zweier oder mehrerer Teile aus gleichem Metall oder aus verschiedenen Metallen mittels leicht schmelzbarer Metall-Legierungen, genannt Lote (Tab. 1, Seite 10). Der Schmelzpunkt der Lote liegt tiefer als der Schmelzpunkt der zu verbindenden Metallteile, wodurch diese während des Lötvorganges nicht zusammenschmelzen, sondern in der Hauptsache mit dem Lot eine Haftverbindung eingehen.

Sollen zwei Metallteile durch Lot miteinander verbunden werden, so müssen die Lötstellen metallisch rein sein. An der Oberfläche haftende Oxydschichten verhindern die Lotverbindung mit dem Metall. Mit dem *Schaber*, mit *Lötwasser*, *Lötpaste* und *Harz* können die Stellen gereinigt werden. Während die Lötpaste fertig in Tuben bezogen werden kann, kann man das Lötwasser leicht selbst herstellen. Es entsteht durch Auflösen von Zinkschnitzeln in Salzsäure unter Zusatz von etwas Salmiak.

Zum Löten selbst benutzt man *Lötkolben.* Sie bestehen der guten Wärmeleitung wegen aus Kupfer und werden als Flach- und Spitzkolben ausgeführt. Die im Holzkohlenfeuer oder im Gebläse erhitzten Kolben werden an die Lötstelle bzw. an die Lötnaht gebracht und schmelzen mit Hilfe ihrer Wärme das Weichlot. Auch gibt es elektrisch und mit flüssigem Brennstoff beheizte Lötkolben.

Lötzinn wird meist in Stangen von Fingerdicke in den Handel gebracht. Zusammensetzung siehe Tab. 1.

Als Hilfswerkzeuge sind zu nennen *Durchschlag*, *Metallsäge*, *Hammer*, *Schraubzwinge*, *Kneifzange*, *Flachzange*, *Seitenschneider*, *Schraubenzieher* und die verschiedenen Arten von *Lehren*, besonders Radiuslehren.

6. Maschinen für den Modellbau. Die in der Modellschlosserei benutzten Maschinen sind in der Hauptsache dieselben, wie sie in Werkzeugmachereien Verwendung finden. Als die wichtigsten Maschinen sind die Drehbank mit Zug- und Leitspindel, die Hobelbank (Shaping), die Fräsmaschine, die Bohrmaschine und die Maschinensäge zu nennen. Dazu kommt noch eine Schleifmaschine mit zwei Schleifstellen für einen groben und einen feinen Stein.

Der Umfang dieses Büchleins läßt eine eingehende Betrachtung der einzelnen Maschinen nicht zu, was auch insofern nicht wichtig ist, als die meisten Maschinen bekannt sind und in dem Kapitel über die „Praxis der Metallmodell-Herstellung" bzw. in den Anwendungsbeispielen auf die Arbeitsmethode eingegangen wird. Wenn auch eine Modellschlosserei für einen Gießereibetrieb eine reine Unkostenstelle bedeutet, so hängt von der Qualität der hergestellten Modelle auf der anderen Seite vieles ab.

C. Die Praxis der Modellherstellung.

1. Lesen von Zeichnungen. In den weitaus meisten Fällen wird die Anfertigung eines Modelles nach Zeichnung erfolgen. Dabei kann die Zeichnung nach zwei verschiedenen Gesichtspunkten aufgebaut sein. Es kann entweder

a) eine Rohteilzeichnung oder

b) eine Fertigteilzeichnung sein.

Bei der Rohteilzeichnung hat der Konstrukteur die Bearbeitungszugabe bereits in den Maßen berücksichtigt. Der Modellbauer hat nur noch das Schwindmaß bei der Modellherstellung zuzugeben. In dem Werkaufriß sind die Modellmaße festgelegt.

Die Fertigteilzeichnung kommt am häufigsten vor. Die Bearbeitungszugabe wird auf der Zeichnung vorgeschrieben oder aber nach den Erfahrungen der Gießerei mit dieser vereinbart. Der Modellbauer hat bei der Modellherstellung sowohl Bearbeitungszugabe als auch Schwindmaß zu berücksichtigen. Der Werkaufriß enthält die Modellmaße, die beide Zugaben einschließen.

Für den Modellschlosser ist das richtige Lesen einer Zeichnung von ausschlaggebender Bedeutung. Er muß sich das Gußteil schon im Geiste vorstellen können. Denn nur so allein ist es ihm möglich zu entscheiden, wie das Modell aufgebaut werden muß und nach welcher Art es geformt werden soll. In vielen Fällen wird er den Gießereifachmann mit zu Rate ziehen müssen, der das Modell nach form- und gießtechnischen Gesichtspunkten zu betrachten weiß. Oft kann ein Gußteil sowohl stehend als liegend geformt werden. Die Wirtschaftlichkeit wird dann den Ausschlag geben.

2. Werkaufriß und Formschräge. Jeder Modellbauer sollte sich daran gewöhnen, vor Beginn der Modellherstellung den Werkaufriß festzulegen. Dies kann geschehen auf einer Metallplatte, einer Blechplatte oder sogar auf einem Holzboden. Wird

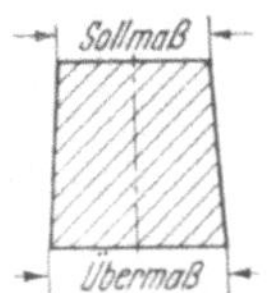

Abb. 26.
Formschräge zugegeben.

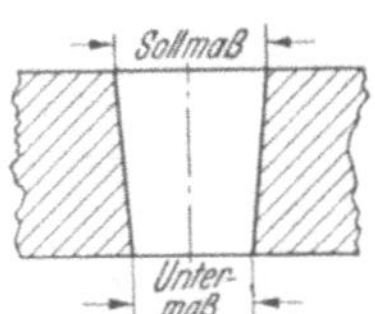

Abb. 27.
Formschräge abgezogen.

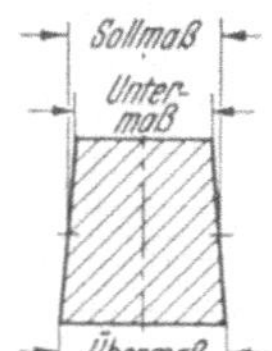

Abb. 28.
Formschräge je zur Hälfte.

Abb. 26—28. Formschrägen.

eine Blechplatte benutzt, so ist die Anfärbung der Platte mit einem farbigen Lack sehr zum Vorteil. Eine gußeiserne Platte kann auch mit Rotstein angefärbt werden. Es wurde bereits erwähnt, daß der Werkaufriß sämtliche Maßzugaben enthalten muß. Wichtig ist ferner, daß auch die Formschräge berücksichtigt wird. Dabei sollte man sich zweckmäßig an genormte Formschrägen halten. Nur wenn es die Eigenart des Gußteiles oder die Herstellungsmethode bedingt, sind Formschrägen aus der Erfahrung anzuwenden. Letzteres gilt besonders bei Kernmarken für stehende Kerne. Die Formschräge muß von Fall zu Fall zugegeben oder abgezogen oder je zur Hälfte angewandt werden (Abb. 26 bis 28 und Tab. 4).

Tabelle 4. *Formschrägen für innere und äußere Flächen.*

Unbearbeitet

Höhe mm	5 bis 10	über 10 bis 20	über 20 bis 35	über 35 bis 65	über 65 bis 125
Schräge	3°	2°	1°	0°45′	0°30′

Tabelle 4. (Fortsetzung.)

Bearbeitet

Höhe mm	5 bis 10	über 10 bis 20	über 20 bis 35	über 35 bis 65	über 65 bis 125
Schräge	7°	4°	3°	2°	1°

Formschrägen für Kernmarken

Höhe mm	15 bis 40	40 bis 70
Schräge	7°	5°

3. Herstellung einer Büchse mit Flansch (erstes Anwendungsbeispiel).

Voraussetzung: Es soll ein ungeteiltes Modell in Hartblei hergestellt werden, und zwar ein Muttermodell. Die zu fertigenden Gußteile sind in Grauguß (GG) herzustellen. Schwindmaßzugabe einschließlich der für die Arbeitsmodelle 1,5 Prozent.

Die vorliegende Zeichnung ist eine Rohteilzeichnung (Abb. 29).

Der zugehörige Kernkasten soll in Gußeisen hergestellt werden.

Die Arbeitsmodelle sollen in einer Gipsplatte Verwendung finden.

Das Modell soll liegend geformt werden.

a) Herstellung des Muttermodelles. Nach der Rohteilzeichnung wird der Werkaufriß hergestellt. Zu diesem Zweck wird eine Eisenplatte, die speziell als Werkaufrißplatte dient und die sauber gehobelt und geschliffen ist, mit angefeuchtetem Rotstein angefärbt und darauf der Riß angebracht. Kernmarken sind mit 15 mm Länge vorgesehen; die Schwindmaße sind als Zugabe in den Maßen berücksichtigt, die Formschräge ist angedeutet (Abbildung 30).

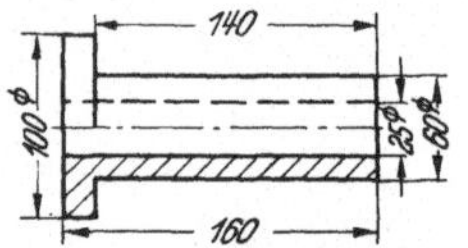

Abb. 29. Werkzeichung der Büchse mit Flansch, halb Ansicht, halb Schnitt.

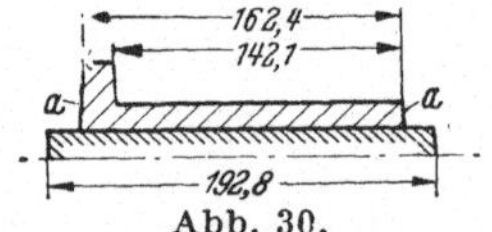

Abb. 30. Werkaufriß der Büchse unter Berücksichtigung von 1,5 Prozent Schwindmaß und der Formschräge.

Abb. 29—30. Flanschmodell mit Werkaufriß.

Ein Hartblei-Rundstab von ca. 250 mm Länge und einem Durchmesser von ca. 110 mm dient als Ausgangsmaterial. Dieser Stab wird an einem Ende in das Dreibackenfutter oder Vierbackenfutter einer Drehbank gespannt. Er wird ausgerichtet, indem man mit dem Parallelreißer einige Risse über die Stirnfläche des Rundstabes legt. Schneiden sich diese Risse alle in einem Punkt, so ist dies der Mittelpunkt der Stirnfläche. Ist dies nicht der Fall, so bringt man den Stab durch Anklopfen mit einem Holzhammer in die richtige Lage. Einfacher ist es, mit einem Zentrierwinkel die Mitte anzureißen. Bei der Länge von 250 mm arbeitet man zweckmäßigerweise mit Reitstock. Das Stück muß ferner so eingespannt sein, daß es nach Fertigstellung mit dem Abstechstahl von dem im Futter sitzenden Material getrennt werden kann.

Zunächst wird der Hartbleirundstab auf den größten Durchmesser, den das Modell haben muß, überdreht. Dieser Durchmesser beträgt 100 + 1,5 Prozent Schwindmaß = 101,5 mm. Auf den so entstandenen Zylinder werden nun die einzelnen Längenmaße des Modells mit der Reißnadel aufgerissen, auch hierbei ist zu jedem einzelnen Maß die Schwindung von 1,5 Prozent hinzuzurechnen, so wie es im Werkaufriß angegeben ist.

In den Support wird nun ein rechter Seitenstahl eingespannt, der scharf geschliffen, aber an der Spitze abgerundet ist. Man beginnt mit der rechten Kernmarke, indem man den Zylinder auf einer Länge von 15,2 mm auf einen Durchmesser von ca. 25,4 mm herunterdreht. Anschließend dreht man die Büchse auf einen Durchmesser von 60,9 mm bei 142,1 mm Länge. Der Übergang von dem Durchmesser der Kernmarke auf den Durchmesser der Büchse weist die in Abb. 30 zu erkennende Formschräge auf. Auf einfache Art kann man die Formschräge durch geringe Schrägstellung des Seitenstahles erreichen. Der Durchmesser des Flansches ist bereits durch den ersten Arbeitsgang gegeben, als der Durchmesser von 101,5 mm gedreht wurde.

Nun wird der rechte Seitenstahl durch einen linken Seitenstahl ersetzt. Mit diesem Stahl dreht man den Zylinder auf Durchmesser und Länge der linken Kernmarke herunter. Auch hierbei ist die Formschräge genau zu beachten, die in diesem Falle 2° beträgt. Nunmehr wird das soweit fertig gedrehte Modell angerissen, indem man den Reitstock zurückschiebt und zunächst einen Riß ringsherum legt; einen zweiten Riß legt man so an, daß beide Risse senkrecht aufeinander stehen. Einer dieser beiden Anrisse bildet später die Grenze der Formteilungsebene. Jetzt kann das Modell mit Hilfe eines Abstechstahles von dem übrigen Material getrennt werden. Die abgetrennte Fläche wird mit der Feile nachgearbeitet, das Körnerloch an der entgegengesetzten Seite wird zugelötet. In Abb. 31 sind die einzelnen Arbeitsgänge bildlich angedeutet.

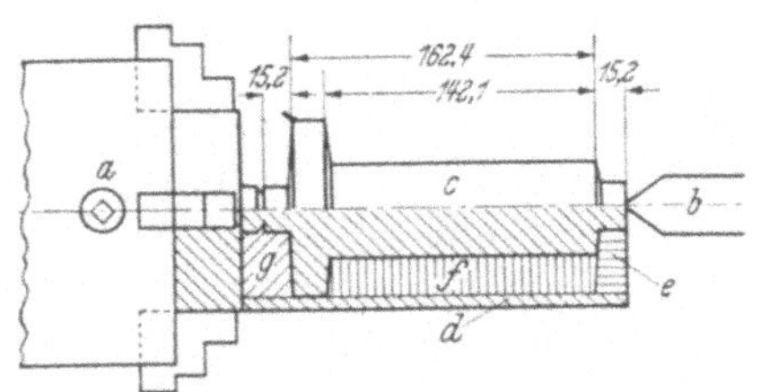

Abb. 31. Andeutung der einzelnen Arbeitsgänge für das Bleimodell Abb. 29—30. *a* Vierbackenfutter, *b* Reitstockspitze, *c* Modell. Materialabnahme: *d* beim ersten Arbeitsgang, *e* beim zweiten Arbeitsgang, *f* beim dritten Arbeitsgang, *g* beim vierten Arbeitsgang.

Falls ein zweiteiliges Modell hergestellt werden soll, ist an Stelle eines Vollzylinders ein solcher aus zwei gleichen Hälften zu verwenden. Zu diesem Zweck sind entweder zwei Vollzylinder je bis zur Hälfte abzuhobeln oder zwei vorgegossene Hälften zu nehmen. Die beiden Hälften werden aufeinander gedübelt und mit einer Schraube zusammengehalten. Dabei ist zu beachten, daß Dübel und Schraube so angebracht sind, daß sie beim späteren Drehen des Modelles nicht stören.

b) Herstellung des Kernkastens. Bevor man mit der Anfertigung eines Kernkastens beginnt, muß die für den Kern günstigste Art der Herstellung überlegt werden. In diesem Falle ist es ohne weiteres klar, daß sich der Kern für die Flanschbüchse am zweckmäßigsten in einem zweiteiligen Kernkasten herstellen läßt.

Für die Fertigung benötigt man zwei ca. 200 mm lange, 75 mm breite und 25 mm dicke Platten aus Grauguß. Diese beiden Platten werden auf der Hobelbank auf eine Dicke von 22,5 ··· 23 mm gehobelt. Eine dieser beiden Platten wird nun auf der Teilungsfläche mit Rotstein gefärbt und die Maße des Kernes werden darauf angerissen. In 10 mm Abstand vom Anriß des Kernes und 15 mm Abstand vom äußeren Rand des fertigen Kernkastens (er ist allerdings jetzt noch nicht fertig) werden die Dübellöcher angerissen (Abb. 32).

Im vorliegenden Falle sollen die Dübel einen Durchmesser von 9 mm haben. Mit einem Bohrer von 7 mm wird die angerissene Platte an den für die Dübel vorgesehenen Stellen durchgebohrt. Diese Hilfsbohrungen dienen später als Führungen für die Fertigbohrungen. Die gebohrte und die ungebohrte Platte werden in der Teilungsebene aufeinandergelegt und mit der Schraubzwinge fest zusammengehalten. Jetzt werden die vier Bohrungen auf die andere Platte übertragen, indem man durch die vorhandenen Löcher hindurch die andere Platte bohrt. Um zu verhindern, daß sich die Platten beim Bohrvorgang verschieben, werden zwischen die Platten an die Ecken kleine Papierstückchen gelegt. Nach Fertigstellung der 7-mm-Bohrungen werden mit einem 8,8-mm-Bohrer alle vier Löcher fertiggebohrt.

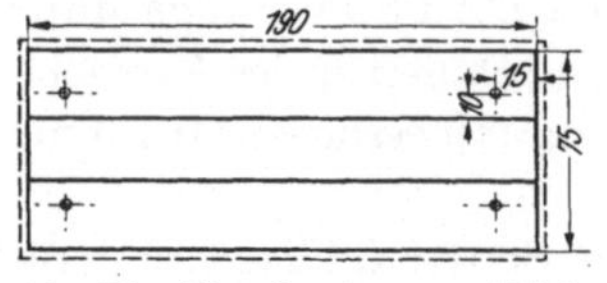

Abb. 32. Kernkasten zur Büchse mit Flansch (Abb. 29—30).

Für die Dübel benutzt man 9 mm Rundstahl oder Silberstahl. Sie werden von der Stange abgeschnitten auf eine Länge, die 2—3 mm geringer ist, als die Dicke beider Platten. In das Futter einer Drehbank eingespannt, werden die Dübel bis zur Hälfte so befeilt, daß sie sich in der Lochhälfte des Kernkastens gut führen lassen. Die vorderen Kanten der Dübel werden stark abgerundet. Nun werden sie in eine der beiden Kernkastenhälften eingeschlagen. Dadurch, daß man 8,8-mm-Bohrungen wählte, sitzen die Dübel von 9 mm äußerst fest in der Platte. Etwas Öl an die Dübel gebracht, verhindert ein Ausbrechen des Kernkastens. Nach dem Dübeln müssen sich beide Platten leicht aufeinander decken und auseinander nehmen lassen.

Anschließend wird der Kernkasten auf die Außenmaße 190 mm Länge und 75 mm Breite gehobelt. Nun muß die eigentliche Kernbohrung angebracht werden. Es ist nicht zweckmäßig, diese Bohrung auf der Bohrmaschine herzustellen, da bei ungleicher Materialbeschaffenheit der Bohrer leicht verläuft.

Der auf der Teilungsebene angebrachte Anriß des Kernes wird mit dem Parallelreißer nach außen übertragen und der Mittelpunkt angekörnt. Die Bohrung wird auf der Drehbank hergestellt, indem man den Kernkasten in ein Vierbackenfutter einspannt oder eine Planscheibe zum Aufspannen benutzt. Dabei muß darauf geachtet werden, daß der Kernkasten genau ausgerichtet ist. In dem so vorbereiteten Kernkasten wird die Kernbohrung unter Verwendung eines Bohrers von 20 mm Durchmesser, der in den Reitstock gespannt wird, ausgeführt. Mit dem Bohrstahl wird anschließend die vorbereitete Bohrung in drei bis vier Arbeitsgängen auf den endgültigen Durchmesser von 25,4 mm aufgebohrt.

In manchen Fällen ist es zweckmäßig, einen Kernkasten nicht nur mit einer, sondern mit mehreren Bohrungen zu versehen. Man stellt einen solchen Kernkasten in der gleichen Weise her, wie vorher beschrieben.

Die Länge des Kernes bzw. des Kernkastens soll 1···1,5 mm geringer als die Gesamtlänge des Modelles einschließlich Kernmarken sein. Dadurch wird vermieden, daß der Kern beim Einlegen die Form streift; außerdem ist eine gute Luftabführung und Ausdehnungsmöglichkeit gewährleistet.

4. Herstellung eines Steuerkopfes (zweites Anwendungsbeispiel).

Voraussetzung: Es soll ein zweiteiliges Muttermodell in Hartblei hergestellt werden. Die zu fertigenden Gußteile sind in Temperguß (GTW) herzustellen. Schwindmaßzugabe einschließlich der für die Arbeitsmodelle 2 Prozent ($1^1/_2$ Prozent für Temperguß, $^1/_2$ Prozent für Arbeitsmodell). Die vorliegende Zeichnung ist eine Fertigteilzeichnung. Für Bearbeitungszugabe ist 1,5 mm vorzusehen (Abb. 33).

Der zugehörige Kernkasten soll in Aluminium hergestellt werden.
Die Arbeitsmodelle sollen auf einer montierten Platte Verwendung finden.

a) Herstellung des Muttermodelles. Nach der Fertigteilzeichnung wird der Werkaufriß hergestellt. Die Werkaufrißplatte wird angefärbt und der Riß mit allen Zugaben einschließlich Schwindmaß angebracht. Die Kernmarken sind mit 20 mm vorgesehen (Abb. 34).

Als Ausgangsmaterial für die Modellherstellung dienen dreimal zwei Halbrundstäbe aus Hartblei von ca. 45 mm Durchmesser. Ein Stab für den Hauptkörper

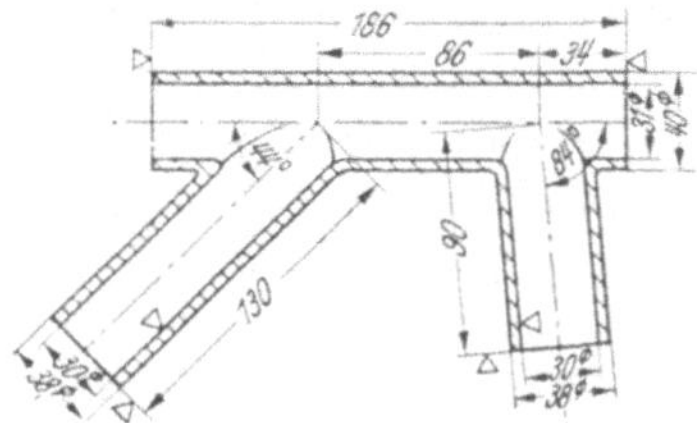

Abb. 33. Fertigteilzeichnung des Steuerkopfes.

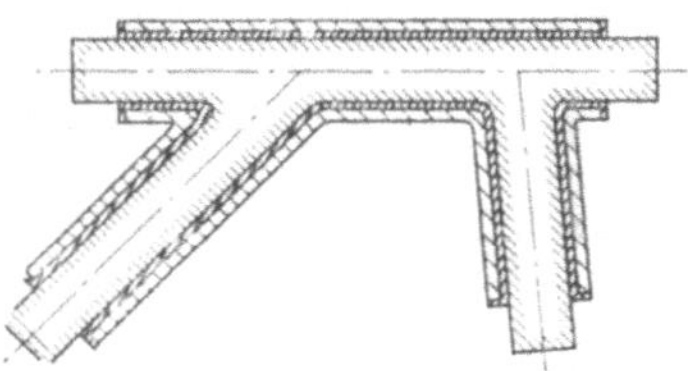

Abb. 34. Werkaufriß des Steuerkopfes.

hat die Länge 280—300 mm, die beiden anderen Stäbe können eine Länge von 200 mm haben. Je zwei Halbrundstäbe werden aufeinander gedübelt und mit einer Schraube zusammengehalten.

Zunächst wird der Hauptkörper *a* (Abb. 35) gedreht. Zu diesem Zweck wird der entsprechende Rundstab in das Drehbankfutter eingespannt, etwa bis zur Hälfte überdreht und dann umgespannt, d. h. nunmehr das überdrehte Ende des Rundstabes eingespannt. So erhält man eine gute Auflagefläche im Futter. Der Zylinder kann so ohne Zuhilfenahme der Reitstock-Körnerspitze bearbeitet werden.

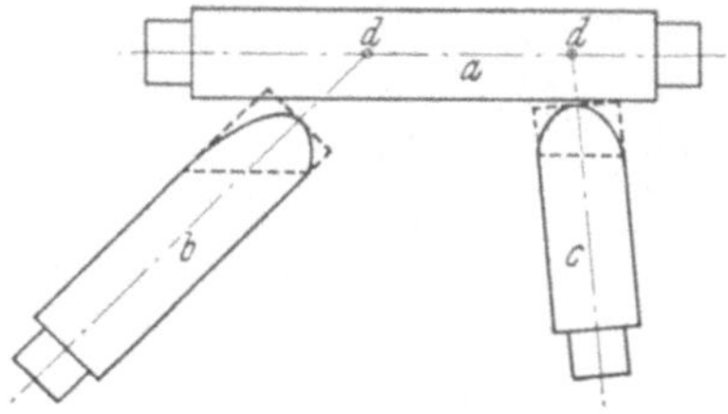

Abb. 35. Drei Einzelteile (Drehteile), die zum Modell zusammengelötet werden. *a* Hauptkörper, *b* Rohrstutzen, *c* Rohrstutzen, *d* Winkelschnittpunkte.

Der Zylinder wird auf einen Durchmesser von 40,8 mm abgedreht (40 mm plus 2 Prozent Schwindmaß = 40,8 mm).

Auf dem Zylinder werden nun die einzelnen Längen angerissen, zuvor hat man die rechte Stirnfläche überdreht. Die angerissenen Maße sind: 20 mm für die rechte Kernmarke, 192,7 mm für den Hauptkörper (186 plus 2 Prozent Schwindmaß plus 3 mm Bearbeitungszugabe = 192,7). Dazu kommen 20 mm für die linke Kernmarke. Die beiden Kernmarken werden mit einem Seitenstahl auf Maß gedreht. Der Durchmesser der Kernmarken errechnet sich wie folgt:

Durchmesser im Fertigmaß 31 mm,
davon abziehen zweimal 1,5 mm für Bearbeitung = 28 mm,
zuzählen 2 Prozent Schwindung = 28,6 mm.

Hat man die Kernmarken gedreht, wird der Hauptkörper ringsherum angerissen, die Winkelschnittpunkte werden angelegt (Abb. 35*d*) und der Körper vom eingespannten Teil getrennt. Die Stirnflächen der Kernmarken dürfen noch keine Formschräge aufweisen, da diese Flächen beim Zusammenlöten der Einzelteile als Anschläge für den Winkelmesser benutzt werden.

Die beiden Rohrstutzen *b* und *c* (Abb. 35) werden genau wie oben beschrieben gedreht und angerissen. In den Maßen ist selbstverständlich wieder Bearbeitungszugabe und Schwindmaß zu berücksichtigen. An jedem Körper ist nur eine Kernmarke.

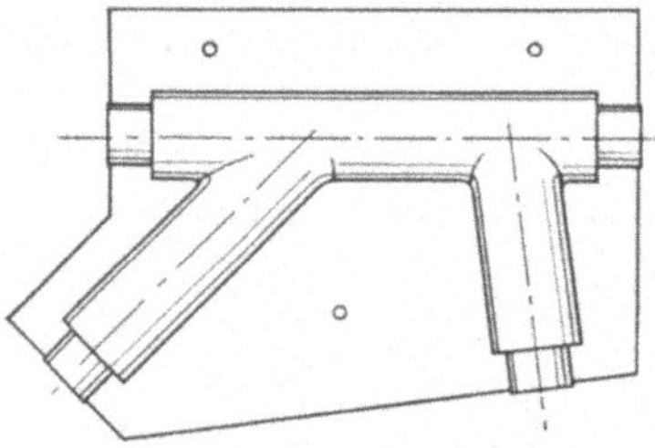

Abb. 36. Halbes Arbeitsmodell des Steuerkopfes zum Aufreißen auf Kernkastenhälfte gelegt.

Beide Stutzen *b* und *c* werden nun mit einer Halbrundfeile an der entsprechenden Seite derart angefeilt, daß sie sich an die Rundung des Hauptkörpers gut anpassen. Nun können die Einzelteile zusammengelötet werden.

Zu diesem Zweck schraubt man die Zylinder auseinander, so daß nunmehr nur Hälften vorliegen. An eine Hälfte des Hauptkörpers wird je eine Hälfte der Stutzen schwach angelötet. Dies geschieht am besten auf der Anreißplatte. Mit dem Winkelmesser, der mit einem Schenkel die Kernmarke des Hauptkörpers, mit dem anderen Schenkel die Kernmarke des Stutzens *b* anschlägt, wird die Winkelstellung des Rohrstutzens zum Hauptkörper geprüft. Bei richtiger Winkelstellung kann der Zylinder *b* mit dem Hauptkörper fest verlötet werden. Stimmt der Winkel nicht, muß der Stutzen gelöst und neu angepaßt werden. Derselbe Vorgang wiederholt sich für den Rohrstutzen *c*.

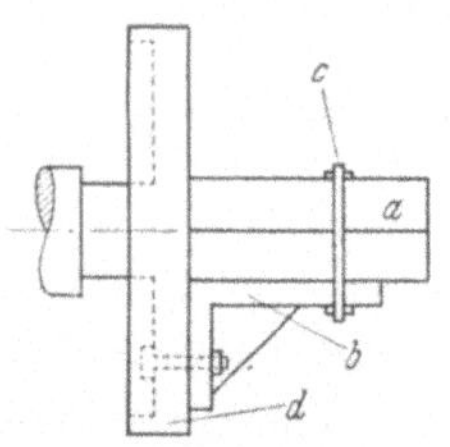

Abb. 37. Aufgespannter Kernkasten auf der Planscheibe. *a* Kernkasten, *b* Aufspannwinkel, *c* Lasche zum Festspannen, *d* Planscheibe.

Auf das so fertiggestellte halbe Modell werden nun die drei anderen Hälften aufgelegt und zusammengelötet. Beim Löten ist auf eine gute Verbindung des Lotes mit dem Hartblei zu achten. Die Lötnähte müssen sorgfältig zu Hohlkehlen ausgefeilt werden. Stellt man nach nochmaliger Maßkontrolle fest, daß das Modell einwandfrei und auf seiner Oberfläche glatt und sauber ist, so werden zum Schluß die Formschrägen an den Kernmarken angebracht.

b) Herstellung des Kernkastens. Als Ausgangsmaterial für die Herstellung des Kernkastens werden zwei Aluminiumplatten benutzt, deren Länge ca. 260 mm, Breite 230 mm und Dicke 35 mm beträgt. Die beiden Platten werden auf eine Dicke von 30 mm abgehobelt.

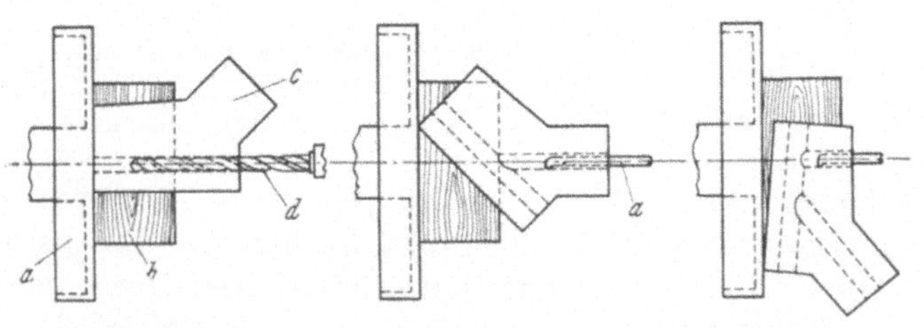

Abb. 38. Herstellung der Bohrung für den Hauptkörper. *a* Planscheibe, *b* Aufspannwinkel, *c* Kernkasten, *d* Bohrer im Reitstock.

Abb. 39. Herstellung der Bohrung für den Rohrstutzen „*b*". *a* Bohrstahl im Support.

Abb. 40. Herstellung der Bohrung für den Rohrstutzen „*c*".

Abb. 38—40. Arbeitsgänge bei der Kernkastenherstellung.

Von einer Hälfte des fertigen Muttermodelles stellt man einen Bleiabguß her, der später als Arbeitsmodell dient.

Eine der gehobelten Platten wird angefärbt und auf diese Fläche das halbe Arbeitsmodell gelegt. Die Umrisse des Steuerkopfes werden mit der Reißnadel auf die Kernkastenhälfte übertragen. So erhält man ein genaues Bild über die Umrisse des Kernkastens und die Lage der Bohrungen für den Kern (Abb. 36). Der Kernkasten wird nun gedübelt. Für das Dübeln gilt das gleiche, was im ersten Anwendungsbeispiel „Herstellung einer Büchse mit Flansch" gesagt wurde (Abb. 32).

Zum Ausdrehen der Löcher eignet sich am besten die Planscheibe, wobei an Stelle der Spannbacken mit einem Aufspannwinkel gearbeitet wird (Abb. 37). Ist der Aufspannwinkel einmal in die richtige Lage gebracht, und zwar so, daß die Mitte des Kernkastens genau in der Spitzenhöhe der Drehbank liegt, bereitet das Ausdrehen der Kernlöcher keine Schwierigkeit mehr.

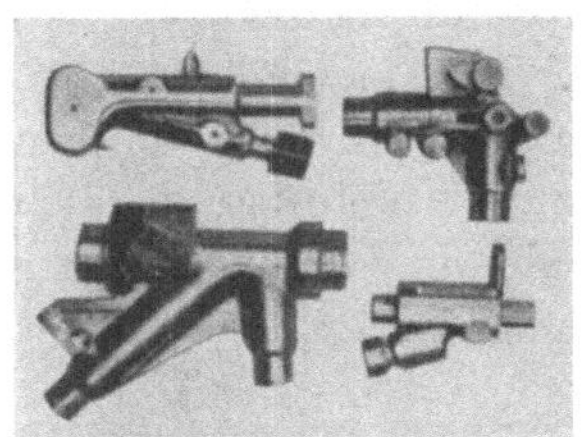

Abb. 41. Vier Modellhälften in Hartblei bzw. Messing.

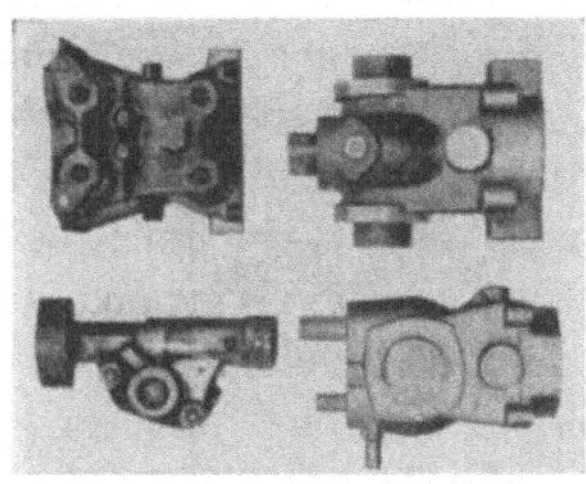

Abb. 42. Vier Muttermodelle in Hartblei bzw. Aluminium.

Die in der Teilungsebene angerissenen Mitten der Kernbohrungen werden mit dem Parallelreißer nach außen übertragen. Sie haben dort den Zweck, den Kernkasten auf der Planscheibe genau ausrichten zu können. Zunächst wird die Bohrung für den Kern des Hauptkörpers vorgebohrt und dann auf einen Durchmesser von 28,7 mm ausgedreht. Ebenso werden die Bohrungen für die beiden Rohrstutzen hergestellt (Abb. 38 bis 40). An den Stellen im Kernkasten, wo die Bohrungen sich treffen, werden die aneinander stoßenden Kanten abgerundet.

5. Modellausführungen. Die Abbildungen 41 und 42 zeigen einige Modellausführungen, die erkennen lassen, wie komplizierte Modelle in Metall sauber und maßhaltig hergestellt werden können.

II. Herstellung von Gipsmodellen.

A. Werkstoffe und Werkzeuge.

1. Modellgips. Die Herstellung von Modellen in Gips ist in der Regel die schnellste Art der Modellanfertigung. Allerdings ist das Anwendungsgebiet sehr begrenzt und wird heute fast nur noch bei einfachen Modellen angewandt. Voraussetzung für das Gelingen dieser Arbeit ist die Wahl des richtigen Werkstoffes. Nur der allerbeste Modellgips gestattet das Ausarbeiten der feinen Konturen. Dieser Gips läßt sich gut schaben und ziselieren, bildet keine Poren, läßt sich sägen und aus einzelnen Teilen zusammenleimen. Von großer Bedeutung ist auch die Härte des Gipses und die dadurch bedingte Widerstandsfähigkeit. Allen diesen Anforderungen sich anpassend haben die Gipsherstellerwerke nach und nach Gipssorten entwickelt, die sich als Werkstoffe für die Modell- und Modellplattenherstellung bestens bewährt haben.

Gips ist ein weit verbreitetes Mineral, das farblose Kristalle bildet. Chemisch gesehen ist Gips Calciumsulfat mit eingeschlossenem Kristallwasser $CaSO_4 \cdot 2\,H_2O$. Durch Zerspaltung entstandene Tafeln, die wie Perlmutter glänzen, nennt man

Jungfernglas oder Marienglas. Tritt er faserig auf, spricht man von Fasergips und in körniger Form nennt man ihn Alabaster. Der so vorkommende Gips wird bei etwa 120° C gebrannt, wobei er einen Teil seines Wassergehaltes verliert. In dieser Form wird er als Modellgips, Stuckgips oder Schnellbindergips in den Handel gebracht. Auch die Bezeichnungen Alabastergips und Hartformengips sind gebräuchlich. Mit Wasser angerührt erhärtet der Gips schon in kurzer Zeit.

Das Anrühren des Gipses mit Wasser bedarf einiger Übung. Von dem Verhältnis Gips zu Wasser hängt es ab, ob der Gips schnell oder langsam erhärtet. Will man feine Konturen schablonieren, so muß der Gips sehr dünn angerührt sein, also einen leichtfließenden Gipsbrei ergeben.

2. Hilfsstoffe. a) Lacke. Gipsmodelle versieht man zweckmäßig mit einem Schutzanstrich. Dazu eignen sich farblose und farbige Spirituslacke, die ein gutes Haftvermögen besitzen und nicht zu dick sind. Ausgesprochene Modell-Lacke, wie sie im Holzmodellbau Verwendung finden, sind nicht immer für Schutzanstriche bei Gipsmodellen geeignet. Dünne Lacke sind meist sehr vorteilhaft.

b) Öle. Bei der Herstellung von Gipsmodellen auf der Richtplatte bestreicht man die Richtplatte mit einem feinen Öl. Das hat den Zweck, ein gutes Loslösen

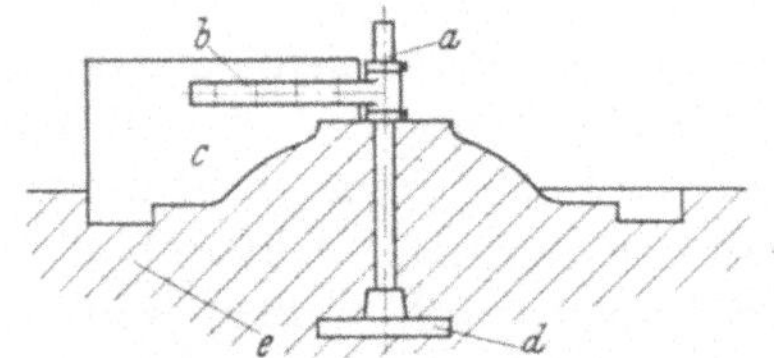

Abb. 43. Drehschablone. *a* Spindel, *b* Schere, *c* Schablone, *d* Spindelfuß, *e* Herd.

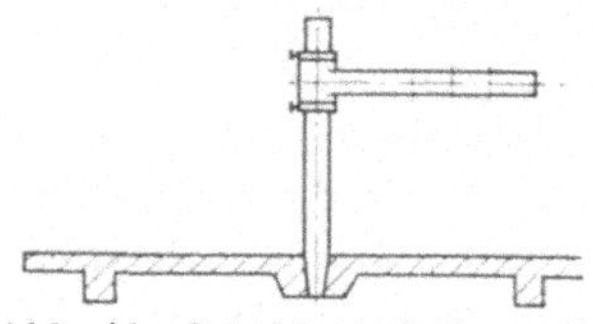

Abb. 44. Schablonierboden mit Schabloniervorrichtung.

Abb. 43 u. 44. Schabloniereinrichtung.

des Gipsmodelles von der Richtplatte zu gewährleisten. Alle dünnflüssigen Öle eignen sich für diesen Zweck.

3. Schabloniereinrichtung und Zubehör. Gipsmodelle werden in der Hauptsache mit Hilfe von Schablonen hergestellt. Nur in solchen Fällen, in denen eine Schablone nicht benutzt werden kann, arbeitet man das Modell vollkommen aus einem Gipsblock heraus.

Wenn die Schablonen um eine senkrechte oder eine waagerechte Achse gedreht werden, nennt man sie Drehschablonen, zieht man sie jedoch an Leitbrettern oder Führungsbahnen entlang, heißen sie Ziehschablonen.

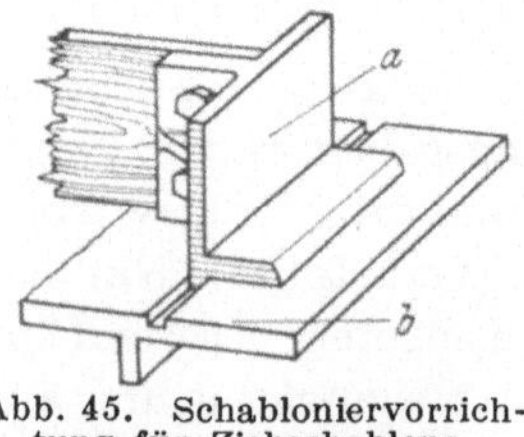

Abb. 45. Schabloniervorrichtung für Ziehschablone. *a* Ziehschablonenhalter, *b* Richtplatte mit eingehobelter Führungsbahn.

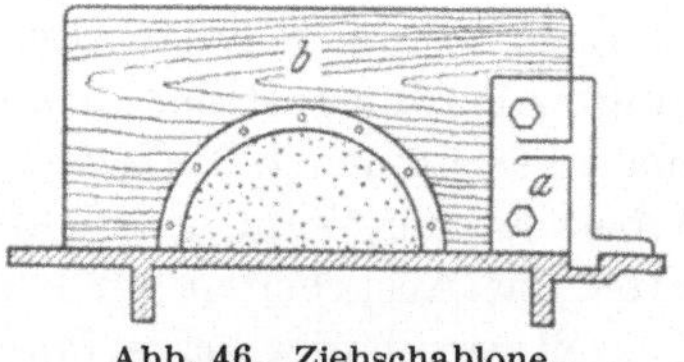

Abb. 46. Ziehschablone. *a* Ziehschablonenhalter, *b* Schablone.

Drehschablonen für die Gipsmodellherstellung sind Bretter, die ungefähr nach den Umrissen des herzustellenden Modelles ausgeschnitten sind, die aber, um eine scharfe Kontur und geringen Verschleiß zu erreichen, mit einem aufgenagelten Blechstreifen versehen werden, der die Umrisse des Modelles genau wiedergibt.

Der Modellhersteller ist meist in der Lage, sowohl die Holzschablone als auch den Blechstreifen selbst anzufertigen bzw. auszuschneiden. Die gesamte Schablioniereinrichtung besteht aus folgenden Teilen: Spindel, Spindelfuß, Schere oder Schablonenträger, Stellring mit Stellschraube und der eigentlichen Drehschablone (Abb. 43). Beim Schablonieren von Gipsmodellen wird allerdings der Spindelfuß durch den Schablonierboden ersetzt (Abb. 44). Die Schablonen werden am Schablonenträger befestigt, das kann mit Holzschrauben oder mit Kopfschrauben geschehen.

Zum Ziehen von Gipsmodellen benötigt man eine Richtplatte mit eingehobelter Führungsbahn oder einem Leitbrett und den Ziehschablonenhalter, der zur Aufnahme und Befestigung der Ziehschablone dient (Abb. 45 bis 46).

Ein geschickter Gipsmodellhersteller wird Drehschablone und Ziehschablone so zu führen verstehen, daß erstaunlich maßhaltige Modelle seine Hand verlassen. Es gibt des öfteren Fälle, wo beide Schablonenarten bei der Anfertigung eines Gipsmodelles zur Anwendung kommen.

B. Die Praxis der Modellherstellung.

1. Die Herstellung eines Riemenscheibenmodelles (erstes Anwendungsbeispiel).

Voraussetzung: Es soll ein Muttermodell mit doppeltem Schwindmaß hergestellt werden. Das Modell soll halbteilig sein und bearbeitet werden.

An den Arm der Schabloniereinrichtung (Abb. 47) schraubt man die Schablone. Die Außenkontur der Riemenscheibe wird mit Doppeltschwindmaß und Bearbei-

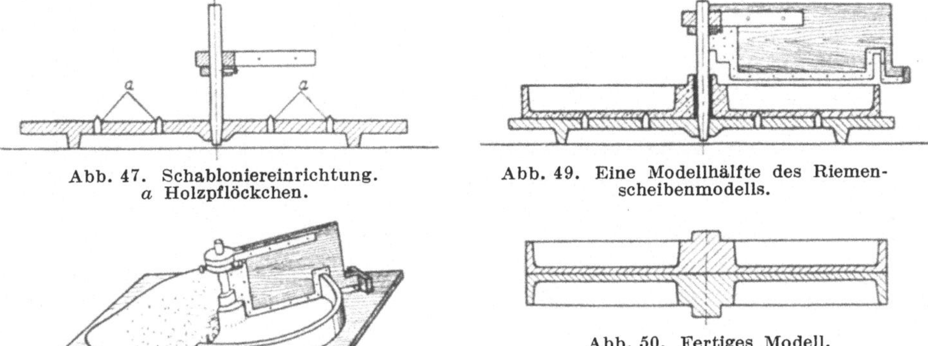

Abb. 47. Schabloniereinrichtung. *a* Holzpflöckchen.

Abb. 49. Eine Modellhälfte des Riemenscheibenmodells.

Abb. 48. Schablone für die Außenkontur.

Abb. 50. Fertiges Modell.

Abb. 47—50. Schablonieren eines Riemenscheibenmodelles.

tungszugabe aus einem 1 mm starken Blech herausgearbeitet und das Blech auf das Schablonenbrett genagelt (Abb. 48). Die Richtplatte bestreicht man mit Öl, damit sich später das fertiggedrehte Modell gut von der Platte abheben läßt. Um zu verhindern, daß das Modell während des Schablonierens etwa in drehende Bewegung kommt, steckt man in die auf der Richtplatte vorgesehenen Löcher einige Holzpflöckchen (Abb. 47a).

Man beginnt, indem man besten Modellgips (Alabastergips) mit Wasser anrührt, auf die Richtplatte bringt und unter ständigem Drehen der Schablone die Modellkontur hocharbeitet (Abb. 49).

Hat man die vorläufig noch rohe Form soweit fertig, so nimmt man zum Schluß noch recht dünn angerührten Gips und schlichtet, bis sich scharfe Konturen ergeben. Nachdem der Gips erhärtet ist, nimmt man den Spindelstock heraus und löst das Modell durch leichte Schläge auf die Platte. Das Modell wird nun nachgearbeitet, indem man es mit feinem Sandpapier glättet und mit Lack anstreicht.

Die Riemenscheibenhälfte wird zweimal in Eisen oder Metall abgegossen. Beide Abgüsse werden miteinander verdübelt, auf einheitliches Maß gedreht und bilden das eigentliche Modell für den Gebrauch in der Gießerei (Abb. 50).

2. Herstellung eines Seilrollenmodelles (zweites Anwendungsbeispiel).

Voraussetzung: Es soll ein Muttermodell mit doppeltem Schwindmaß hergestellt werden (Abb. 51).

Man bringt den Gipsbrei auf die mit Öl bestrichene Grundplatte. Nun stellt man mit Schablone I zuerst die Grundkontur des gekröpften Bodens her (Abb. 52). Ist der Gipsboden erhärtet, so wird er mit einem Ölanstrich versehen.

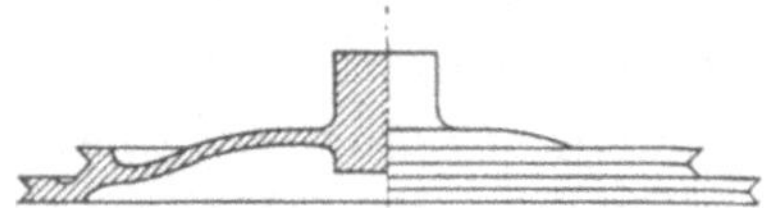

Abb. 51.
Werkzeichung, halb Schnitt, halb Ansicht.

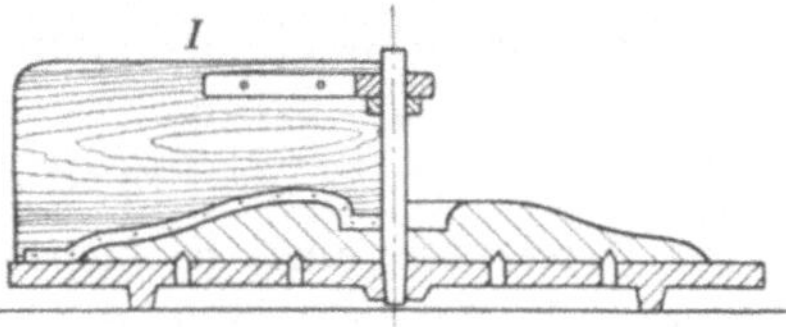

Abb. 52.
Schablone *I* für die Grundkontur.

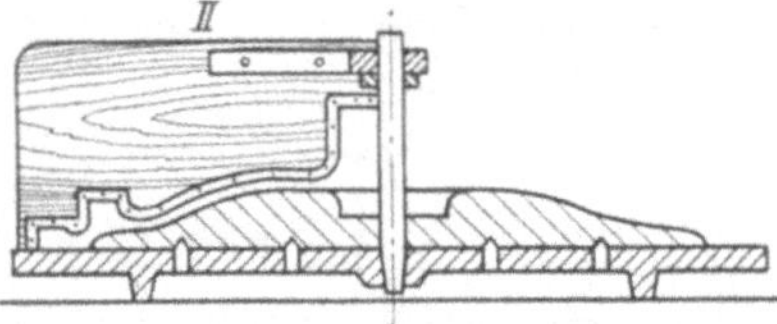

Abb. 53.
Schablone *II* für das eigentliche Modell.

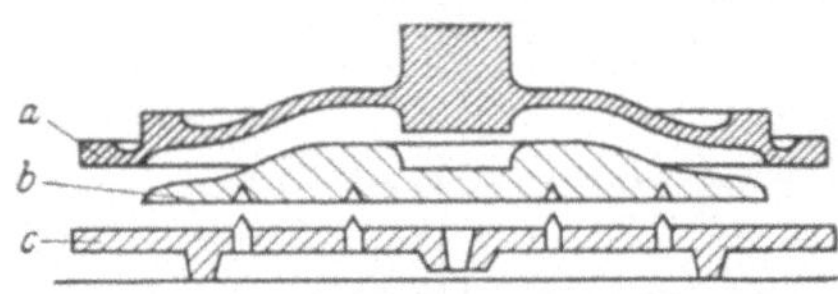

Abb. 54.
a Gipsmodell, *b* Grundkontur, *c* Richtplatte.

Abb. 51—54. Schablonieren eines Seilrollenmodelles.

Auf diesen Boden mit Ölanstrich bringt man nun den nächsten Gipsbrei, wechselt die Schablone I gegen eine andere Schablone II aus und arbeitet das eigentliche Modell hoch (Abb. 53). Abb. 54 zeigt das fertige Gipsmodell *a*, die Grundkontur *b* und die Richtplatte *c*.

Die Grundkontur *b* kann bei der späteren Herstellung des Metallmodelles als Aufstampfboden benutzt werden.

3. Drehen eines Hohlmodelles für einen Zylinder (drittes Anwendungsbeispiel).

Voraussetzung: Es soll ein halbes Muttermodell mit doppeltem Schwindmaß hergestellt werden, Bearbeitungszugabe ist zu berücksichtigen.

Mit diesem Beispiel soll die Herstellung eines verhältnismäßig großen Gipsmodelles besprochen werden. Obwohl diese Herstellungsmethode nur noch wenig geübt wird, findet man sie heute noch in den Betrieben, die für die Herstellung von Drehkernen eingerichtet sind. Man verwendet zum Drehen von Gipsmodellen nämlich die Werkzeuge, die auch für die Fertigung von Drehkernen in Lehm gebräuchlich sind. Auf die Werkzeuge soll jedoch nicht besonders eingegangen werden. Das fertige Werkstück und seine Hauptmaße zeigt Abb. 55.

Die Spindel, auf der das Gipsmodell aufgebaut werden soll, versieht man mit einem Holzgerippe, wobei zu beachten ist, daß Spindel und Holzgerippe fest verbunden werden, damit sie sich nicht verschieben und verdrehen (Abb. 56). Auf der so vorgerichteten Spindel wird nun der Kern durch Drehen der Spindel gegen die angebrachte Schablone I in Lehm fertiggestellt (Abb. 57). Das Lehmmodell wird getrocknet, mit Sandpapier abgeschliffen und lackiert, um ihm eine möglichst glatte Oberfläche zu geben.

Auf den so fertiggestellten Lehmkern ist nun in entsprechender Stärke das eigentliche Hohlmodell in Gips aufzubringen. Um der aufzudrehenden Gipsschicht, die ja eine verhältnismäßig geringe Wandstärke erhält, Halt zu geben, biegt man aus genügend starkem Eisendraht Formdrähte, die man auf dem Lehmkern befestigt, indem man die rechtwinklig umgebogenen Enden an den etwas stärker gedrehten Stirnflächen des Lehmkernes festnagelt. Die Formdrähte werden an vier oder fünf Stellen durch ein wenig Gipsbrei unterstützt. Man erreicht hierdurch, daß die Formdrähte nach dem Fertigdrehen in der Mitte der Wandung des Hohlmodelles liegen.

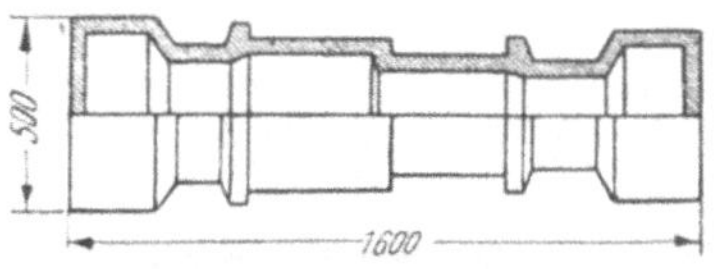

Abb. 55. Werkzeichung, halb Schnitt, halb Ansicht.

Abb. 56. Spindel.

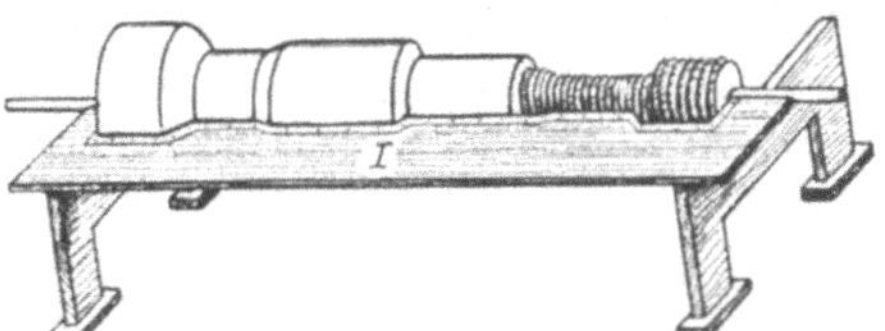

Abb. 57. Schablone *I* für den Lehmkern.

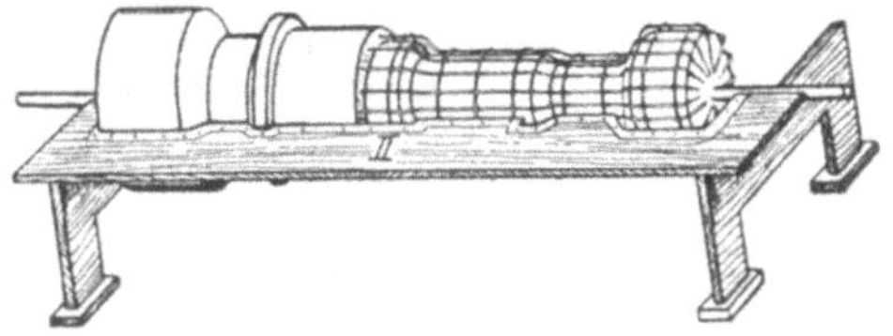

Abb. 58. Lehmkern mit Formdrähten.

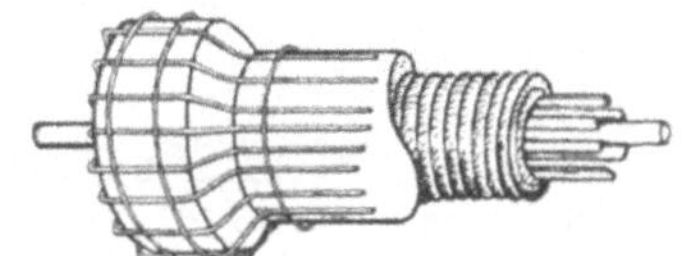

Abb. 59. Schablone *II* für Modellkontur.

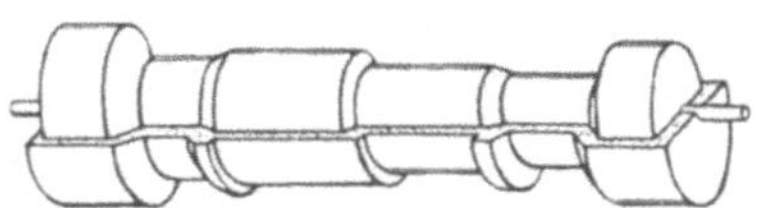

Abb. 60. Obere Modellhälfte abgehoben.

Abb. 55—60. Schablonieren eines Modelles für einen Hohlzylinder.

Hat man die Formdrähte auf dem Lehmkern befestigt, so umgibt man das so Hergerichtete an mehreren Stellen mit einem Ring aus Bindedraht (Abb. 58).

Nachdem man das Schablonenbrett II (Abb. 59) für die Modellkontur auf die Schablonierböcke gelegt und ausgerichtet hat, rührt man reichlich dicken Gipsbrei an, dreht die Modellkontur des Zylinderkörpers, jedoch ohne die Stirnseiten, roh vor und läßt das Ganze abbinden; dann schlichtet man mit weniger steifem Gips unter fortwährendem Drehen der Spindel solange nach, bis scharfe Modellkonturen entstehen. Nachdem man die Nägel aus den Stirnseiten des Lehmkernes herausgezogen hat, werden diese Seiten verputzt und geglättet, mit Öl angestrichen und die Stirnflächen des Gipsmodelles aufgedreht.

Nach dem Erhärten zieht man mit Hilfe der Schablonen einen Mittelriß, sägt die Wandstärke unter Bearbeitungszugabe einige Millimeter oberhalb des Mittelrisses mit einer Säge auf und hebt die obere Hälfte des Modelles ab, wobei die Ringe aus Bindedraht abgekniffen werden müssen (Abb. 60). Der Lehmkern wird jetzt zerschlagen und aus dem Hohlmodell entfernt. Die jetzt vorliegende untere Modellhälfte muß nun formgerecht nachgearbeitet und lackiert werden. Um dem Modell genügend Festigkeit zu geben — denn diese Hälfte wird abgeformt — kann man in dem Hohlraum einige Stellen durch Holzeinlagen unterstützen. Man kann nun diese Modellhälfte in Eisen oder Metall zweimal abgießen und daraus das eigentliche Arbeitsmodell herstellen.

4. Ziehen eines Schutzhauben-Gipsmodelles (viertes Anwendungsbeispiel).

Voraussetzung: Es soll ein Muttermodell mit doppeltem Schwindmaß hergestellt werden (Abb. 61).

Die Einrichtung zum Ziehen von Gipsmodellen wurde bereits in dem Kapitel „Schabloniereinrichtungen“ (Seite 22) beschrieben (Abb. 45).

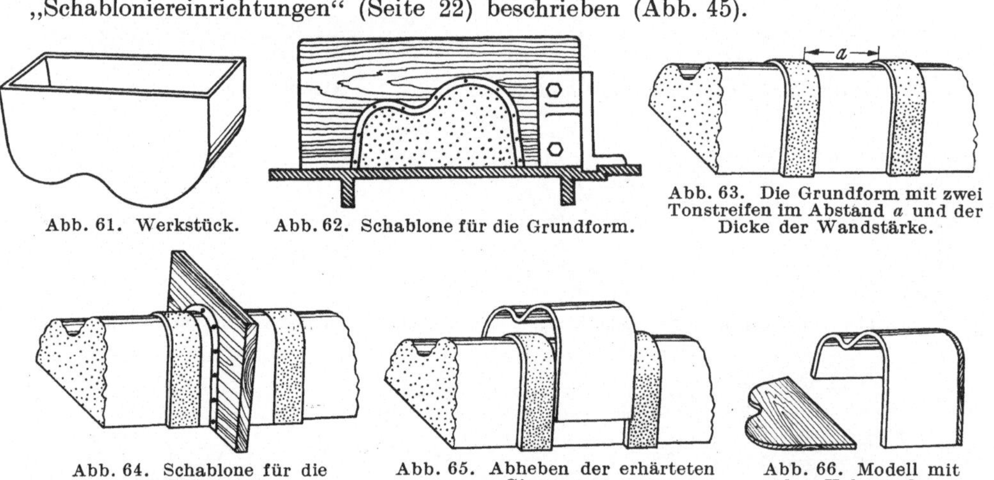

Abb. 61. Werkstück. Abb. 62. Schablone für die Grundform. Abb. 63. Die Grundform mit zwei Tonstreifen im Abstand *a* und der Dicke der Wandstärke.

Abb. 64. Schablone für die Modellkontur. Abb. 65. Abheben der erhärteten Gipsmasse. Abb. 66. Modell mit den Holzwänden.

Abb. 61—66. Schablonieren des Gipsmodelles für eine Schutzhaube.

Man beginnt mit dem Aufziehen der Grundform. Zu diesem Zweck bringt man eine der Grundform entsprechende Menge Gipsbrei auf die Richtplatte, bewegt die Schablone hin und her und gibt an den Stellen Gipsbrei zu, die von der Schablone noch nicht berührt werden. Wenn die Umrisse überall scharf ausgeprägt sind, ist die Grundform fertig (Abb. 62). Nun walzt man zwei Ton- oder Wachsstreifen in der Stärke der aufzuziehenden Gipswand aus und befestigt die Streifen so auf der Grundform, daß sie das zu ziehende Modell in der Länge begrenzen (Abb. 63). Jetzt wird die Ziehschablone für die Modellkontur benutzt und die Wandstärke aufgezogen (Abb. 64). Die Grundform ist vorher mit Öl angestrichen, damit die erhärtete Gipsmasse sich leicht von ihr trennen läßt. (Abb. 65.) Die beiden Seitenwände fertigt man aus Holz und stellt das Modell durch Zusammenleimen des Gipsteiles und der beiden Holzwände her (Abb. 66). Das Modell wird sauber verputzt, mit Hohlkehlen versehen und danach das Arbeitsmodell hergestellt.

Es sei hier bemerkt, daß die beschriebenen Anwendungsbeispiele für die Herstellung von Gipsmodellen nur das Grundsätzliche der einzelnen Arbeitsverfahren verdeutlichen sollen.

C. Herstellung von Kernkästen und Kernschalen.

1. Herstellung eines Kernkastens (fünftes Anwendungsbeispiel). Zunächst soll erwähnt werden, daß nicht nur im Rahmen der Gipsmodellherstellung auch Gipskernkästen angefertigt werden, sondern auch des öfteren der Metallmodellbauer Kernkästen herstellt, indem er Gips auf einen Kernstamm (auch Kernseele genannt) aufgießt und der so erhaltene Kernkasten in Eisen oder Metall abgegossen wird. Die Umrisse des Kernkastens werden dabei durch Aneinanderlegen zweier Winkel aus Flacheisen gebildet (Abb. 67).

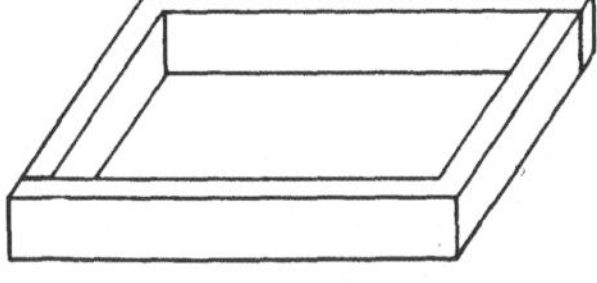

Abb. 67. Zwei aneinander gelegte Winkel aus Flacheisen.

Als Beispiel sei die Herstellung eines Kernkastens für einen Kreuzkern beschrieben (Abb. 68). Dabei soll der Kernkasten drei Kerne enthalten. Man beginnt, indem man zuerst auf einer Richtplatte mit der Ziehschablone die drei Kernstämme (Kernseelenhälften) anfertigt (Abb. 69). Die Schließflächen des Kernkastens (*c* in Abb. 71) erhalten eine Bearbeitungszugabe

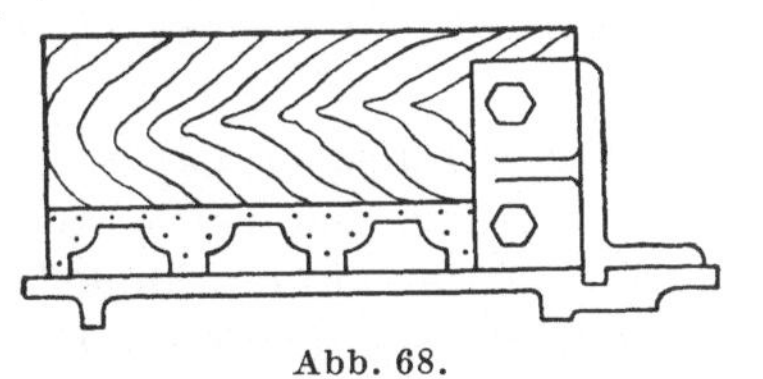

Abb. 68. Schablone für die Kernseelen.

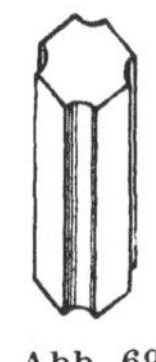

Abb. 69. Kreuzkern.

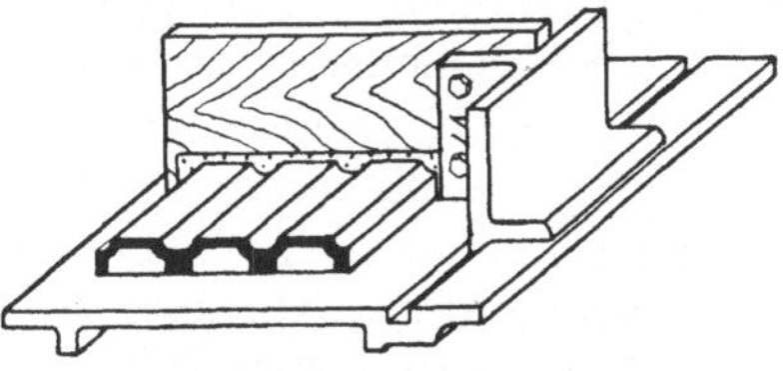

Abb. 70. Schablone für die Wandstärken.

Abb. 68—70. Herstellung eines Kernkastens für Kreuzkerne.

für das Fräsen auf Maß. Die erhärteten Kernstämme werden glatt geschliffen und mit einem leichten Trennungsstrich aus Öl versehen. Mit einer zweiten Schablone wird die Wanddicke der eigentlichen Kernkastenhälfte darüber aufgezogen (Abb. 70). Nach gründlicher Lufttrocknung werden die Gipsteile auf das gewünschte Maß gebracht; zu diesem Zweck sägt man die Enden mit einem Metallsägeblatt ab. Es empfiehlt sich, auch an den Stirnflächen Bearbeitung für das Fräsen zuzugeben. Nachdem man die Kernstämme vorsichtig aus der Kernkastenhälfte entfernt hat, wird letztere formgerecht nachgearbeitet, lackiert und zweimal in Eisen oder Metall abgegossen. Durch Bearbeiten der Schließflächen *c* und der Stirnflächen wird der Kernkasten auf genaues Maß gebracht und dann passend verdübelt (Abb. 71).

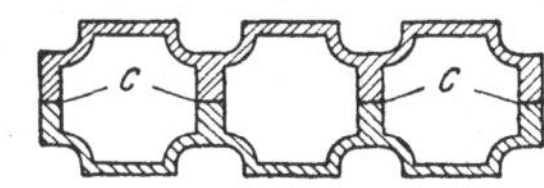

Abb. 71. Fertiger Kernkasten für drei Kreuzkerne.

2. Herstellung einer Kernschale. Es kommt oft vor, daß geblasene oder gepreßte Kerne wegen ihrer geringen Standfestigkeit auf Kernschalen getrocknet werden müssen. Ist die herzustellende Anzahl Gußstücke groß, wird sich die Anfertigung einer größeren Anzahl Kernschalen lohnen. Im Prinzip gleicht die Herstellung eines Gipsmodelles für Kernschale der Anfertigung eines Gipsmodelles für Kernkasten.

Die im vorhergehenden Abschnitt 1 beschriebene Methode zur Herstellung eines Kernkastens kann auch für die Anfertigung der Kernschale angewandt werden. Dabei ist zu beachten, daß nunmehr das doppelte Schwindmaß bei der Kernseele berücksichtigt sein muß, denn die Gipskernschale wird zunächst in Metall oder Eisen abgeformt und nach dem Metallmodell die Fertigung einer entsprechenden Anzahl Kernschalen vorgenommen.

III. Die Herstellung von Modellplatten.

A. Allgemeines.

1. Die Bedeutung der Modellplatten. Die Form- oder Modellplatte verbindet ein oder mehrere Modelle mit den zugehörigen Eingußkanälen in der Weise, daß entweder Modelle und Kanäle starr mit der eigentlichen Platte verbunden, oder aber die Modelle beweglich und durch einen Mechanismus zu betätigen sind.

Die Vorteile der Modellplatte bestehen darin, daß die Formteilungsebene vorhanden ist und daß die stets wiederkehrende Modellanordnung und das Ausschneiden der Eingußkanäle erspart wird. Ebenso braucht nicht jedes Modell einzeln aus der Form gehoben zu werden, sondern die Modelle werden durch Abheben der Formplatte gemeinsam und gleichzeitig ausgehoben. Oder aber die Form wird von der Modellplatte abgehoben.

In den weitaus meisten Fällen werden Modellplatten in Verbindung mit einer Formmaschine benutzt. Das hat den Vorteil, daß die Maschine das Verdichten des Sandes und das Abheben der Form übernimmt und durch die auf der Modellplatte festliegenden Eingußkanäle auch das Anschneiden der Form fortfällt. Die oft schwierigen form- und gießtechnischen Überlegungen, die bei der Herstellung einer Form auftreten, bleiben dem Machinenformer fast restlos erspart. Denn in die Anordnung der Modelle und Kanäle auf der Modellplatte kann nicht ohne weiteres eingegriffen werden.

Es darf in diesem Zusammenhang nicht übersehen werden, daß die Modellplatte sowohl Menge wie Güte der Gußstücke beeinflußt. Ist nämlich auf einer Platte ein Modell falsch angeschnitten oder falsch abgegrenzt, so kann dadurch unter Umständen die Neuanfertigung der Modellplatte bedingt sein.

Die Wahl der Modellplatteneinrichtung richtet sich nach der Art der herzustellenden Gußstücke und muß von Fall zu Fall erfolgen. Daß dabei nicht zuletzt wirtschaftliche Gesichtspunkte mitspielen, ist selbstverständlich.

2. Einteilung der Modellplatten. Man kann die Modellplatten nach verschiedenen Gesichtspunkten einteilen. Dabei ist zu erwähnen, daß die Einteilung nur eine untergeordnete Rolle spielt. In manchen Fällen wird die eine sowohl wie die andere Modellplattenart für die Fertigung von Abgüssen herangezogen werden können. Die Entscheidung für oder gegen eine besondere Modellplattenart wird außer von der Anzahl der herzustellenden Abgüsse auch von den Möglichkeiten und der Einrichtung der Gießerei abhängen.

Modellplatten lassen sich zunächst in zwei große Gruppen einteilen. Nämlich in solche, bei denen Modelle und Platte *starr* miteinander *verbunden* sind, und in solche mit *beweglichen* Teilen. Zu den Platten mit beweglichen Teilen gehören die Durchzugplatten und zum Teil die Formplatten mit Abstreifkämmen und Kernausdrückern. Nicht selten sind diese Platten in ihrer Herstellung sehr teuer.

Sehr verbreitet ist jene Modellplattenart, bei der man unter einer vollständigen Modellplatte je eine Unterkasten- und eine Oberkastenplatte versteht. Dabei können entweder auf einer der beiden Platten die Modelle angebracht sein und die andere Platte nur Trichter und Läufe enthalten, oder aber es befinden sich auf beiden Platten entsprechende Modelle bzw. Modellhälften.

Man unterscheidet ferner Mischplatten und Standardplatten. Unter *Mischplatten oder Sammelplatten* versteht man solche, bei denen Modelle verschiedener Art und Größe auf einer Platte vereinigt sind. *Standardplatten* dagegen sind solche Modellplatten, auf denen ein bestimmtes Modell in einem oder in mehreren Exemplaren angeordnet ist.

Mischplatten werden dort angewandt, wo man geringe Mengen verschiedener Abgüsse in gleicher Stückzahl anzufertigen hat und sich mehrere Modelle ohne Schwierigkeit auf einer Platte anordnen lassen. Dabei ist stets zu überlegen, ob auch die verschiedenen Modelle gießtechnisch zueinander passen. Sind auf einer Mischplatte einfache und vielgestaltige oder dünnwandige und dickwandige Stücke vereinigt, so kann es vorkommen, daß die einfachen Teile in der nötigen Menge fertig sind, während von den schwierigeren Teilen wegen ihrer höheren Ausschußgefahr größere oder kleinere Mengen fehlen.

Die beste Einteilung der Modellplatten ist jedoch diejenige, die entweder auf die Art der Modellplattenherstellung oder auf die Fertigungsart der Abgüsse schließen läßt. In vielen Gegenden ist diese Einteilung bereits gebräuchlich. Demnach unterscheidet man

a) zusammengesetzte (montierte) Modellplatten,
b) mit Gips ausgegossene Modellplatten (Gipsplatten),
c) mit Metall ausgegossene Platten (Metallplatten),
d) Umschlagplatten (Reversierplatten),
e) Durchzugplatten,
f) Platten mit Abstreifkamm,
g) Klischeeformplatten,
h) doppelseitige Modellplatten.

An Hand von Anwendungsbeispielen wird im letzten Abschnitt dieses Büchleins auf die einzelnen Modellplattenarten eingegangen werden.

Für die Modellplattenherstellung ist es wichtig, daß alle Einzelheiten sorgfältig durchdacht und ausgeführt werden. Um spätere Reklamationen zu vermeiden, sind genaue Kontrolle und fachmännische Ausführung Grundbedingung. Es sei an dieser Stelle noch erwähnt, daß in manchen Gegenden die Modellplatten auch Musterseiten genannt werden. Man spricht von Gipsmuster, wenn es sich um eine mit Gips ausgegossene Platte handelt. Die Modellplattenhersteller nennt man dort Mustermacher (vgl. Einleitung).

B. Werkzeuge und Werkstoffe für die Plattenherstellung.

1. Werkzeuge. In Gießereien mit vielseitigen Formmethoden arbeiten Gipsplattenhersteller und Modellschlosser Hand in Hand. Nur ausgesprochene Gipsplatten stellt der Gipsplattenmacher, ausgesprochene montierte Modellplatten der Modellschlosser her.

Während der Modellschlosser die Werkzeuge benutzt, die bereits in dem Abschnitt I „Herstellung von Metallmodellen“ unter B 5 (Seite 12) aufgeführt sind, benutzt der Gipsplattenhersteller in erster Linie Formerwerkzeuge. Es wird vorausgesetzt, daß diese Werkzeuge bekannt sind, aus Platzmangel wird auf eine bildliche Wiedergabe verzichtet. Die wichtigsten Werkzeuge für die Gipsplattenherstellung sind Lanzetten der verschiedensten Art, Sandhaken, Truffel, Polierknöpfe und Stampfer. Ferner sind zu erwähnen Wasserwaage, Pinsel und Wasserzerstäuber. Die Formerwerkzeuge müssen ebenso wie Meßwerkzeuge geputzt und gepflegt werden.

2. Platten für aufzubauende (montierte) Seiten. Unter Platten für aufzubauende Seiten versteht man jene Grundplatten, auf denen die Metallmodelle oder auch unter Umständen die Holzmodelle mit den zugehörigen Eingußkanälen (auch Läufe oder Stangen genannt) befestigt werden. In der Regel benutzt man Grauguß-Platten oder solche aus Aluminium-Legierung. Seltener findet man Messingplatten. Die Dicke der Platten beträgt 15···25 mm, Länge und Breite richten sich nach den in der Gießerei eingeführten Formkastenmaßen.

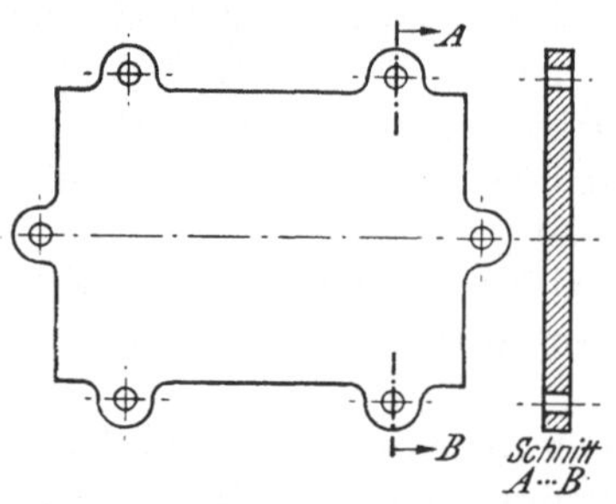

Abb. 72. Platte für aufzubauende Seite.

Die Platten besitzen rechts und links je einen Führungslappen mit Loch oder Stift und meistens vier Befestigungslappen, auf jeder Seite zwei (Abb. 72). Bei der Herstellung solcher Platten ist besonders darauf zu achten, daß die Platten waagerecht und auf der Aufbauseite vollkommen eben sind. Nicht selten spart man die Platten auf der Unterseite aus, um einmal Gewicht zu sparen und zum anderen eine Heizanlage unter der Platte anzubringen. Sitz- und Schließflächen müssen genau bearbeitet und die Führungen sauber und genau sein.

3. Rahmen für Gipsplatten. Gipsplatten oder solche aus Steinmassen werden heute sehr häufig benutzt. Die Herstellung einer Platte obiger Art kann oft mehrere Tage in Anspruch nehmen; dies gilt besonders für Mischplatten, bei denen durch die Konstruktion der Modelle im Ober- und im Unterkasten Ballen oder komplizierte Abgrenzungen zu schneiden sind.

Der Gips oder die Steinmasse bildet mit den Metallmodellen, falls diese mit eingegossen werden, einen zusammenhängenden Block, der durch einen eisernen Rahmen gehalten wird. Der Gipsrahmen gibt dem eigentlichen Gipsklotz die starre Umhüllung und zugleich die Führung für den aufzunehmenden Zentrierrahmen oder das Formkastenteil. In der Ausführung unterscheidet man zwischen auswechselbaren und Festgipsrahmen (Abb. 73). Beim Festgipsrahmen ist, wie der Name schon sagt, der Rahmen fest mit dem eingegossenen Gips verbunden. Beim auswechselbaren Rahmen lassen sich die Gipsplatten untereinander im Rahmen auswechseln (Abb. 74). Die inneren Wände sind zum leichten Auswechseln geneigt ausgeführt, geschliffen und an einer Längswand mit einer Nase versehen, damit der richtige Sitz der ausgewechselten Platten gewährleistet ist. In bezug auf die Genauigkeit ist dem Festgipsrahmen der Vorzug zu geben.

Für die Herstellung von Umschlagplatten benutzt man besonders ausgeführte Umschlagmodellkästen (Abb. 75 bis 76). Diese Kästen dienen zur Herstellung von Modellplatten, nach denen Ober- und Unterform zugleich geformt werden, so daß sich aus zwei von einer Modellplatte abgestampften Formhälften nach Verdrehung einer Hälfte um 180° eine ganze Form zusammensetzen läßt. Die Ausführung der

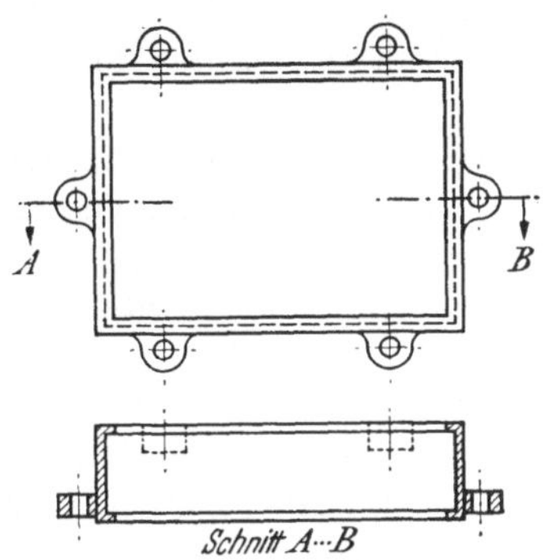

Abb. 73. Rahmen für feste Gipsplatten.

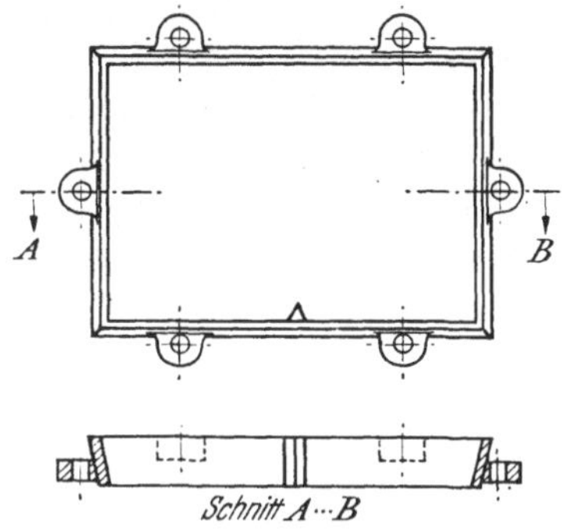

Abb. 74. Rahmen für auswechselbare Gipsplatten.

Kästen ist gekennzeichnet durch vier kleinere und vier größere Führungslappen (Abb. 75 bis 76). Die Zentrierlöcher in den Führungslappen sind im Durchmesser nach der von der Lehrplatte festgelegten Norm gebohrt und passen somit untereinander. In der Arbeitsstellung übereinander werden die Kästen durch die kleineren Führungslappen gesichert, in der Arbeitslage nebeneinander durch die in besonderer Stellung zueinander angeordneten größeren Führungslappen. In dieser Lage liegen die Zentrierlöcher genau auf dem Mittelriß der Formfläche (Abb. 75 bis 76).

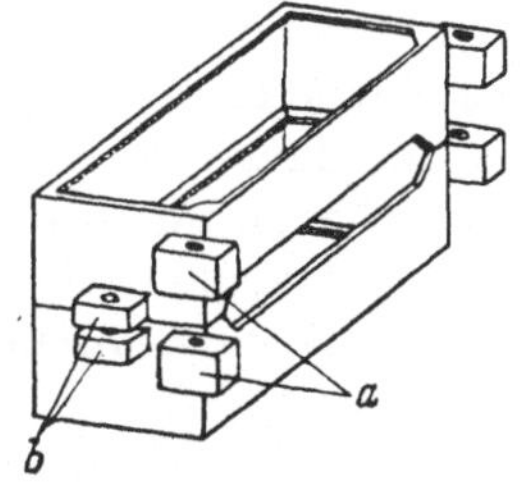

Abb. 75. Umschlagmodellkästen aufeinander.
a große Führungslappen,
b kleine Führungslappen.

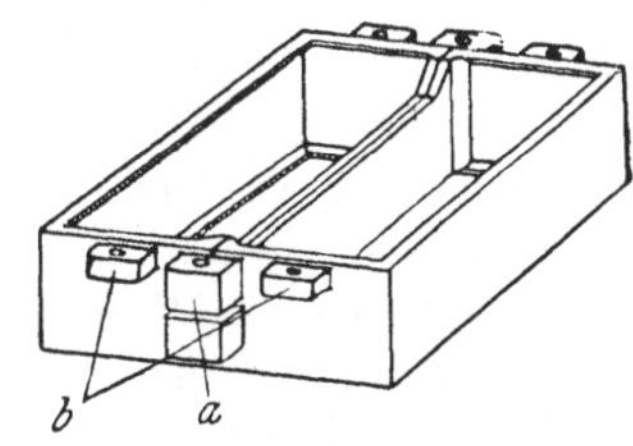

Abb. 76. Umschlagmodellkästen nebeneinander.
a große Führungslappen,
b kleine Führungslappen.

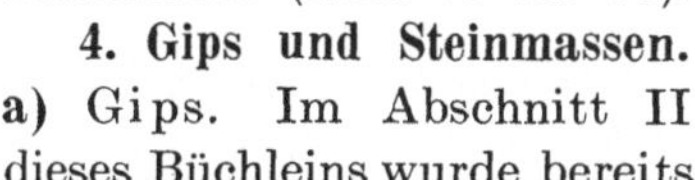

4. Gips und Steinmassen.

a) Gips. Im Abschnitt II dieses Büchleins wurde bereits unter A 1 (Seite 21) der Werkstoff Gips ausführlich besprochen. Hier sei nur noch das hinzugefügt, was speziell für die Herstellung von Gipsplatten von Bedeutung ist.

An den Gips für Modellplatten werden die gleichen Ansprüche gestellt, wie an den für Gipsmodelle. Es ist also nur allerbester Hartformengips oder Alabastergips zu verwenden. Die Gipsmodellplatte soll, soweit es möglich ist, hart und einigermaßen widerstandsfähig sein. Die Härte einer Gipsplatte ist aber abhängig von der verwendeten Gipssorte und dem Verhältnis Wasser zu Gips. Dieses Verhältnis hängt davon ab, ob der Gipsbrei in glatte Flächen oder in feine Konturen auslaufen muß. Für eine Modellplatte mit feinen Konturen ist ein leichtfließender Gipsbrei erforderlich, der mit etwas mehr Wasser angerührt werden muß, als ein Gipsbrei für glatte Formen.

Der nach dem Anrühren erstarrte Gips erwärmt sich ein wenig und dehnt sich dabei etwa 1 Prozent aus. Manche Firmen gehen dazu über, durch Zusatz von Eisenstaub oder Kaltleim in den Gipsbrei den Modellplatten eine größere Festigkeit zu geben. Gipsmodellplatten sollen ihre vorschriftsmäßige Zeit zum Abbinden haben, das ist für Alabastergips etwa 3 bis 4 Tage, für Hartformengips etwa 5 bis 6 Tage. Die Haltbarkeit einer Gipsplatte hängt sehr von dieser Trockenzeit ab. In besonders dringenden Fällen kann man die Abbindezeit durch leichtes Erwärmen der Modellplatte abkürzen.

b) Steinmasse. An Stelle von Gips können auch Steinmassen zum Ausgießen der Modellplatten benutzt werden. Eine dieser Steinmassen ist unter dem Namen Monolith sehr bekannt geworden. Es ist eine Verbindung von Steinmehl und Steinlösung. Die Lebensdauer der Modellplatten aus Steinmehl ist größer als die der Gipsplatten.

5. Lack und Wachs. a) Lack. Mit Gips ausgegossene Modellplatten erhalten einen Schutzanstrich. Dieser verhindert das Eindringen von Feuchtigkeit und schützt die Gipsoberfläche mehr oder weniger gegen Abrieb durch mechanische Einflüsse.

Für diesen Schutzüberzug eignen sich farbige (meist rote) im Handel erhältliche Spirituslacke. Aber auch Lösungen von Schellack in Spiritus werden häufig zu diesem Zweck benutzt. Der Lack soll möglichst dünn aufgetragen werden. Denn nur der dünne Lack dringt in die Gipsoberfläche ein und bildet mit dem Gips eine festhaftende Schutzschicht. Ölhaltige Lacke sind zum Lackieren von Gipsplatten ungeeignet.

b) Wachs. Bei Gipsplatten ist es oft erforderlich, daß an Abgrenzungsstellen der Modelle, z. B. bei unebener Teilungsfläche, ein geringer Wachsstreifen angebracht wird, der den Zweck hat, die Formschräge zu erreichen bzw. die Abgrenzung schärfer auszuprägen. Auch geringe Schäden im Gips können mit Wachs ausgebessert werden, zumal wenn an Stelle von Metallmodellen die Modelle in Gips auslaufen. Die Anschnitte erhalten in vielen Fällen erst durch eine aufgetragene Wachsschicht ihre notwendige Form.

Das zu diesem Zweck benutzte Wachs muß sich gut anbringen lassen, gut haften und in kurzer Zeit hart werden.

Das Anbringen der Wachsschicht geschieht mit den üblichen Formerwerkzeugen.

Nicht selten wird an Stelle von Wachs der im Holzmodellbau benutzte Kitt für die oben geschilderten Fälle verwandt. Wachs und Kitt müssen nach dem Anbringen mit einem Lacküberzug versehen werden.

C. Die Praxis der Modellplattenherstellung.

1. Zusammengesetzte (montierte) Formplatten. a) Allgemeines. Die älteste Modellplattenart ist die zusammengesetzte. Sie läßt sich am einfachsten anwenden bei Modellen mit ebener Teilungsfläche und bei ungeteilten Modellen mit gerader Auflagefläche. Die zuletzt genannten Modelle werden mit der geraden Auflagefläche auf die Modellplatte aufgeschraubt, nachdem man durch Auswinkeln der Abhubflächen die Modelle auf Formschräge kontrolliert hat. Bei geteilten Modellen werden die Modellhälften auf der Ober- und Unterplatte passend zueinander verschraubt.

Unter gewissen Voraussetzungen lassen auch Modelle mit unebener Teilungsfläche die Anwendung der montierten Platte zu.

Modelle, die ober- und unterhalb der Teilungsebene symmetrisch sind, erfordern nur eine Modellplatte. Die Modellhälfte wird genau auf den Mittelriß der Platte aufgelegt; zwei abgestampfte Kastenhälften ergeben dann zusammengesetzt die vollständige Gußform.

Auch bei der montierten Formplatte ist das Umschlagverfahren anwendbar. Es wird im Abschnitt „Modellplatten nach dem Umschlagverfahren" beschrieben werden.

Die montierte Platte hat einige Vorzüge. Die Modelle lassen sich leicht und schnell auswechseln und bei Verwendung von Metallmodellen ist sie bestens geeignet für die Massenanfertigung auf Rüttelformmaschinen.

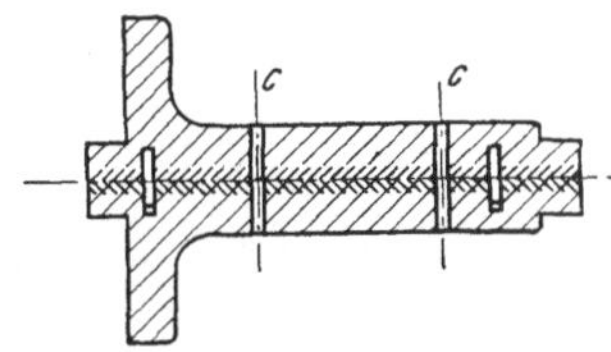

Abb. 77. Modell der Büchse mit Flansch.

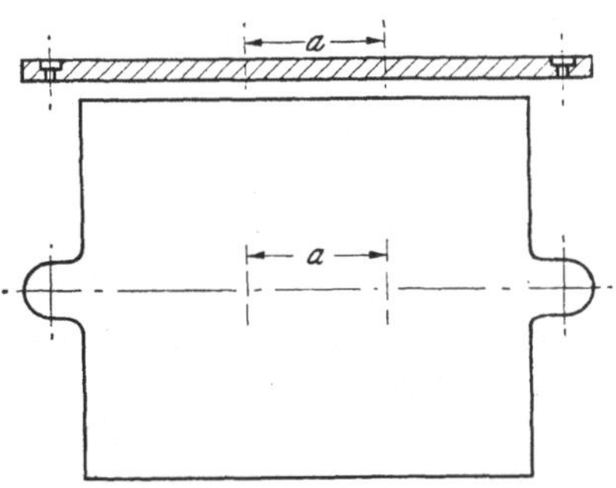

Abb. 79. Modellplatte mit Anrissen.

Abb. 77—81. Herstellung der Modellplatten für eine Büchse mit Flansch.

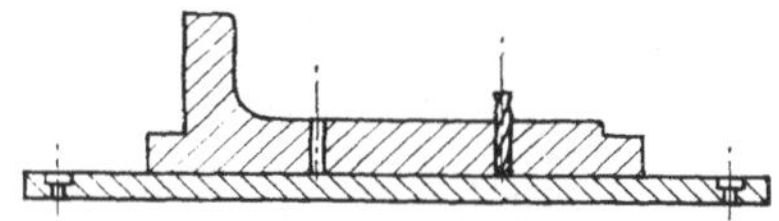

Abb. 78. Modellhälfte auf der Platte zwecks Übertragung der Paßstiftbohrungen.

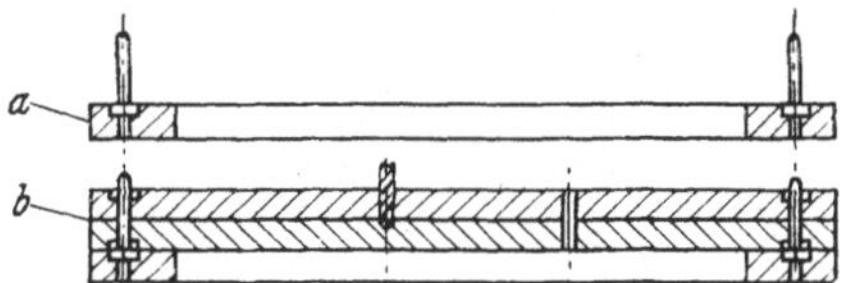

Abb. 80. *a* Zentrierrahmen, *b* Platten auf dem Zentrierrahmen zum Übertragen der Bohrungen.

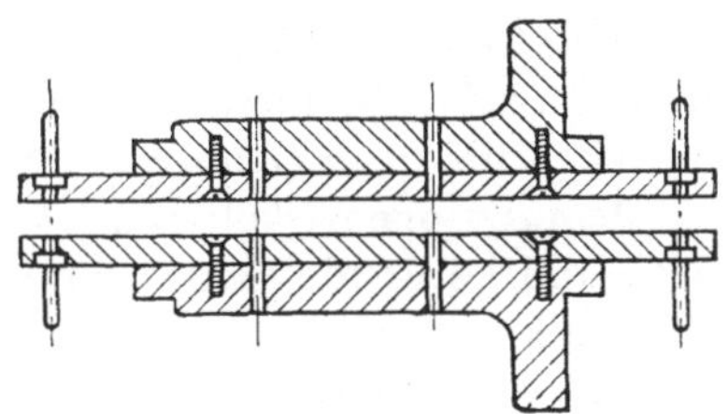

Abb. 81. Fertige Modellplatten.

Montierte Mischplatten lohnen sich nur dann, wenn die Anzahl der herzustellenden Abgüsse sehr groß ist. Andernfalls ist der Gipsplatte der Vorzug zu geben, besonders dann, wenn eine größere Anzahl Modelle verschiedenster Art auf einer Platte vereinigt sind.

b) Erstes Anwendungsbeispiel. Ein Anwendungsbeispiel für das Verbohren von Ober- und Unterplatte mit dem Modell ist an der Büchse mit Flansch (Abb. 77) gezeigt. Die beiden Modellhälften werden passend zusammengelegt und die Löcher *c*, *c* für die Paßstifte werden gebohrt (Abb. 77). Dann wird eine Modellhälfte auf die Modellplatte gelegt, und die Paßstiftbohrungen werden auf die Modellplatte übertragen (Abb. 78 und 79). Beide Platten werden nun von dem Zentrierrahmen aufgenommen und die Bohrlöcher der ersten Platte auf die zweite übertragen (Abb. 80). Der Zentrierrahmen kann auch durch zwei lose, genau passende Stifte ersetzt werden, jedoch bietet der Rahmen mehr Gewähr für Genauigkeit. Die Rückseiten der beiden Modellplatten liegen bei dieser Arbeitsstufe gegeneinander. Die Paßstiftbohrungen brauchen nicht unbedingt auf der Mittellinie der Modellplatte zu liegen, vielmehr kann das Modell jede beliebige Lage innerhalb der Formfläche einnehmen. Abb. 81 zeigt die fertigen Platten mit den aufgeschraubten Modellen.

Dieses Verfahren ist insofern unwirtschaftlich, als man immer wieder neue Löcher in die Modellplatte bohren muß. Beim Arbeiten mit dem Stangenzirkel kann man dagegen die in der Platte bereits vorhandenen Löcher anstandslos weiter benutzen. Man findet daher in der Praxis mehr das anschließend dargestellte Arbeitsverfahren zum Aufmontieren.

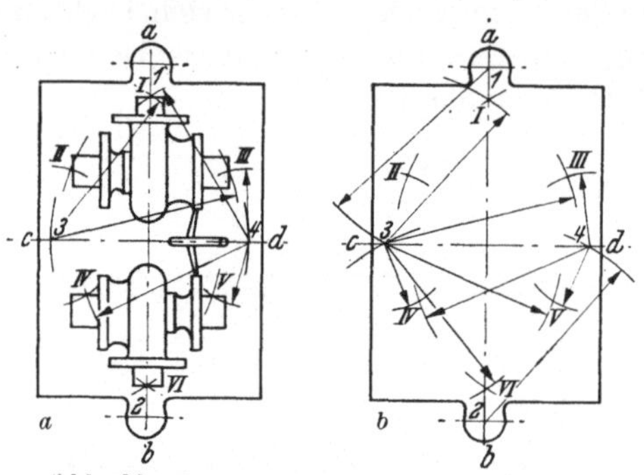

Abb. 82. Zusammengesetzte Modellplatte (montierte Modellplatte). *a* fertige Platte, *b* angerissene Platte.

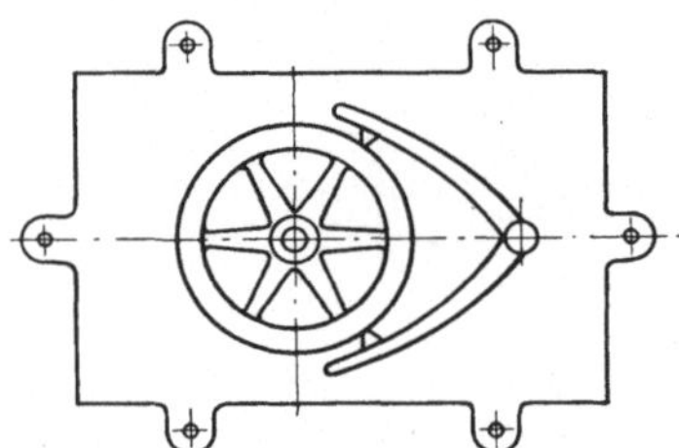

Abb. 83. Platte mit Handrad.

c) Zweites Anwendungsbeispiel. In dem Beispiel sind zwei Ventilgehäuse auf Ober- und Unterplatte zu montieren. Zuerst sind die Modelle an drei oder vier Stellen mit einem Riß zu versehen, der über beide Modellhälften gehen und rechtwinklig zur Modellteilungslinie liegen muß. Bei beiden Modellplatten bestimmt man nun die Linie *a*—*b* (Abb. 82). Aus den Zentrierlochmitten 1 und 2 schlägt man mit dem Stangenzirkel zwei nahe an den Seitenkanten sich schneidende Kreisbögen und körnt die Schnittpunkte 3 und 4 scharf aus; ihre Verbindung ergibt die Linie *c*—*d*. Alsdann sind zwei Modellhälften unter Berücksichtigung des Eingußkanals, der Kernentlüftung usw. auf eine Platte zu legen und mit einer Nadel scharf anzureißen. Dabei legt man wie den Modellumriß auch die eingangs am Modell gemachten Risse genau auf der Platte fest.

Die sich dadurch ergebenden Schnittpunkte I bis VI werden, indem man einmal von den Zentrierlochmitten und einmal von den Schnittpunkten 3 und 4 ausgeht, mit dem Stangenzirkel auf die andere Platte übertragen. Die Risse an den Modellhälften müssen sich mit den zu ihnen gehörigen Schnittpunkten auf der Modellplatte decken. In dieser paßrechten Lage werden die Modelle mit der Platte verschraubt.

d) Drittes Anwendungsbeispiel. Zum Formen des Handrades (Abb. 83) benötigt man nur ein halbes Modell und formt nach einer Modellplatte, die mit einem genauen Mittelloch zu versehen ist. Das halbe Handradmodell ist gleichfalls beim Drehen in der Mitte gebohrt. Beide Mittellöcher werden passend zueinander verdübelt und das Modell starr mit der Modellplatte verbunden. Man legt das Handrad dabei so auf die Platte, daß ein Arm genau auf den Mittenriß zu liegen kommt, und sichert die gegebene Lage durch Paßstifte.

e) Viertes Anwendungsbeispiel. Abb. 84 bis 86 zeigen die Herstellung einer zusammengesetzten Platte bei einer Scheibe. Da die Scheibe eine hohle Stirnfläche hat, ist die Gegenplatte schwieriger herzustellen.

Auf der Modellplatte ist der genaue Mittelriß *a—a* zu ziehen. Der zweite Riß *b—b* liegt in der Mitte zwischen beiden Zentrierlöchern und rechtwinklig zum ersten. Die Platte ist hierdurch in vier Felder geteilt, in die je ein Modell zu liegen kommt. Die richtige Lage der Modelle bestimmen die vier Parallellinien, die man in den Abständen *e* und *f* zur Linie *a—a* und *c* und *d* zur Linie *b—b* zieht. Die vier Schnittpunkte der Parallellinien werden durchbohrt; sie sind die Mittelpunkte der Modelle und dienen auch dazu, die Befestigungslöcher der Modelle auf die Platte zu übertragen. Das geschieht mit einer Schablone aus 2-mm-Blech, die einen Durchmesser gleich dem der Modelle hat, genau in der Mitte ein Paßloch und weiter außen 3 bis 4 Löcher für die Befestigungsschrauben. Die Schablone wird mit Paßstift im Mittelloch auf die Löcher der Modellplatte gelegt; die Schraubenlöcher werden angerissen und gebohrt. Die Modelle erhalten auf die gleiche Art die Verschraubungslöcher und werden dann auf die Platte aufmontiert. Die entgegengesetzte Platte wird nach dem gleichen Grundsatz aufgerissen, oder es werden, von der ersten Platte ausgehend, durch Bohren die Modellmitten übertragen und von den so bestimmten Mittelpunkten die Kreise vom Durchmesser der vertieften Modellkontur geschlagen. Nach einer Tiefenschablone dreht oder fräst man dann die Modellkontur auf der Platte ein.

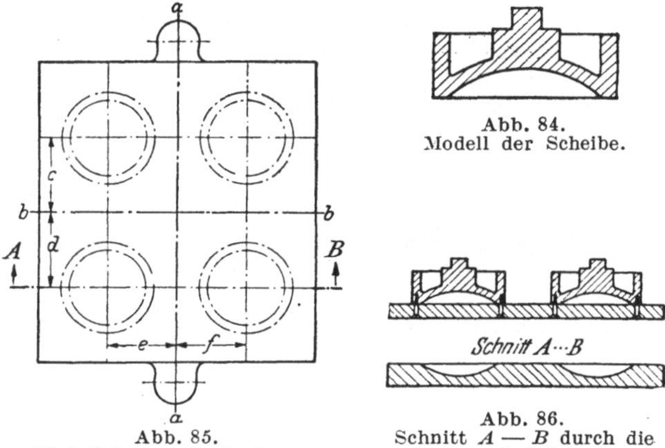

Abb. 84. Modell der Scheibe.

Abb. 85. Modellplatte mit Anrissen.

Abb. 86. Schnitt *A — B* durch die beiden Modellplatten.

Abb. 84—86. Modellplatte mit aufgesetzten Scheiben.

2. Gipsmodellplatten. a) Allgemeines. Das Gebiet der Gipsmodellplatten ist sehr vielseitig und nicht so begrenzt, wie es manchmal in Zeitschriften und in der Gießereiliteratur dargestellt wird. Es gibt Gießereibetriebe, die ihre Gipsmodellplatten-Herstellung zu einer Spezial-Platten-Fertigung mit vielseitigen Möglichkeiten entwickelt haben. Man findet ebenso oft Standardseiten (also solche mit gleichen Modellen) als auch Mischseiten, obwohl gerade bei Mischseiten die Gipsplatte allen anderen Modellplattenarten vorgezogen wird. In der Gipsplatte können Modelle mit unebener Teilungsfläche genau so bequem vereinigt werden, wie solche mit ebener Teilung. Während es allgemein üblich ist, Metallmodelle in der Gipsplatte zu verwenden, gibt es auch Fälle, wo man alles, also auch die Modelle aus Gips laufen läßt. Allerdings macht man das nur dann, wenn die Anzahl der nach der Platte herzustellenden Formen sehr gering ist. Die Herstellung von Gipsmodellplatten ist verhältnismäßig billig, ihre Lebensdauer ist zwar begrenzt aber sehr davon abhängig, mit welcher Sorgfalt die Platte hergestellt und wie sie behandelt wird. Für Rüttelformmaschinen sind Gipsplatten wenig geeignet, obwohl manche Gießereien auch suf der Rüttelformmaschine Gipsplatten mit Erfolg und erstaunlich hoher Zahl der darauf hergestellten Formen benutzt haben.

Auch Holzmodelle lassen sich auf eine Gipsplatte bringen, besonders dann, wenn die Modelle keine ebene Teilungsfläche besitzen. Die Holzmodelle müssen zu diesem Zweck sehr gut lackiert sein und sich durch Holzschrauben, die mit in den Gips eingegossen werden, gut befestigen lassen.

b) Erstes Anwendungsbeispiel. In diesem Beispiel soll die Herstellung einer Standardseite mit fünf Modellen einer Kupplung beschrieben werden. Die

a

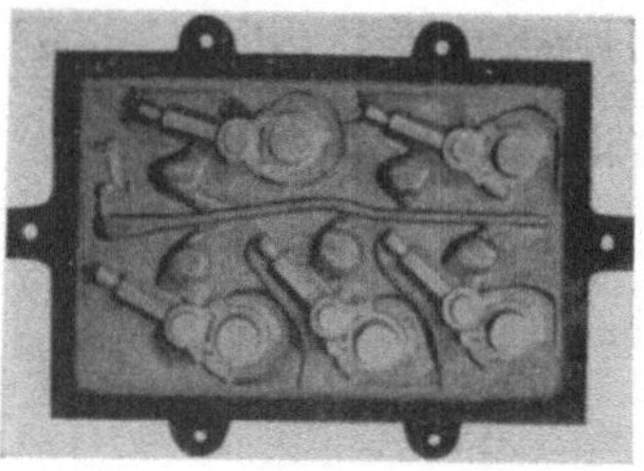

b

Abb. 87. Gipsmodellplatten. *a* Platte für den Oberkasten, *b* Platte für den Unterkasten.

zehn Arbeitsmodelle (je fünf für Ober- und Unterkasten) sind aus Modellmetall (Hartblei) hergestellt. Die Anschnitte und Steiger sind für die Fertigung der Abgüsse in Temperguß abgestimmt.

Da die Modelle keine ebene Teilungsfläche besitzen, müssen sie in einen Sandboden (Aufstampfboden) eingelassen werden. Als Aufstampfboden dient ein mit Formsand vollgestampfter Lochrahmen. Die Anzahl der Modelle wird bestimmt durch die Größe der in der Gießerei benutzten Formkästen und den notwendigen Steigern und Anschnitten einscließlich der Läufe (Abb. 87).

Sind alle fünf Modelle eingelassen und abgegrenzt, so wird die Form mit Petroleum angeblasen und mit Formpuder eingestaubt. Es wird der zugehörige Stiftrahmen aufgelegt und dieser mit Formsand aufgestampft. Danach wird der Stiftrahmen abgehoben, gewendet und auf eine Platte gelegt. Die Modelle werden aus dem vorher erwärmten Aufstampfboden herausgenommen und in die Sandform des Stiftrahmens hineingelegt. Der Aufstampfboden wird ausgeschlagen, er wird nicht mehr benutzt.

Die Stiftrahmen-Sandform mit den einliegenden Modellen wird nun poliert, d. h. der Sand mit dem Lanzett sauber glatt gestrichen und die Modelle sorgfältig abgegrenzt. Dabei ist genauestens auf die Formteilung zu achten. Wird hier ein Fehler gemacht, so zeigt sich dieser später an den herzustellenden Gußstücken. Außerdem ist ein sauberes Formen nicht mehr gewährleistet.

Es ist zweckmäßig, nach dem Polieren die Metallmodelle mit Formpuder einzustauben und aus dem Sand zu nehmen. Durch die anhaftende Puderschicht läßt sich die Abgrenzung am Modell gut erkennen.

Die so geprüfte Form wird nun mit Petroleum angeblasen und mit Formpuder eingestaubt. Mit einer Reißnadel zeichnet man sich Anschnitte, Steiger und Läufe im eingepuderten Sand an (Abb. 88). Dadurch ist gewährleistet, daß die Anschnitte im Oberkasten und Unterkasten übereinstimmen.

Auf den Stiftrahmen wird anschließend der Lochrahmen gelegt, Sand fein aufgesiebt und der Lochrahmen mit Formsand aufgestampft. Der Lochrahmen wird abgehoben und gewendet. Man hat somit eine vollständige Form, bestehend aus Ober- und Unterkasten, vorliegen.

Jetzt erfolgt eine der wichtigsten Arbeiten, das Anschneiden der Modelle und das Schneiden der Steiger und Läufe. Dabei ist zu beachten, daß Steiger oder Druckmasseln in der Lochrahmen-Sandform geschnitten werden. Denn auf diese Form wird später die eigentliche Oberkasten-Gipsplatte aufgegossen (Abb. 89).

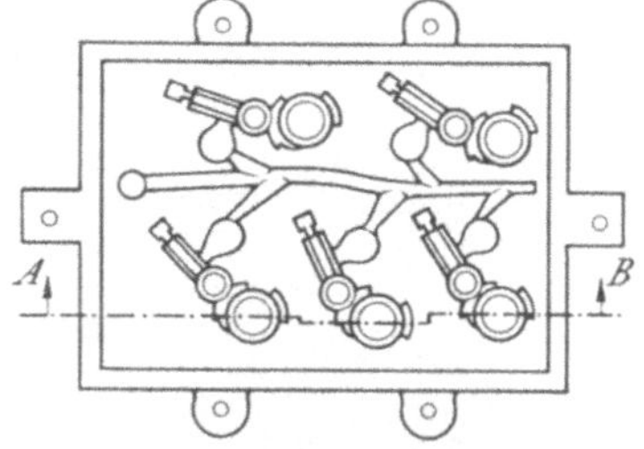

Abb. 88. Unterkasten-Sandform mit einliegenden Modellen und angerissenen Läufen und Anschnitten.

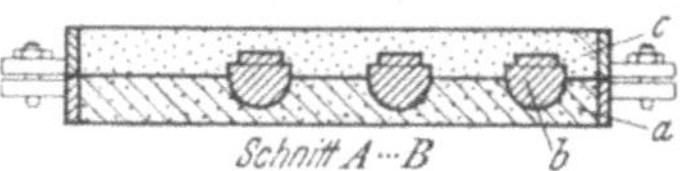

Abb. 89. Schnitt A — B. *a* Unterkasten-Sandform, *b* Modelle, *c* aufgegossener Gipsrahmen.

Abb. 88 u. 89. Herstellung von Gipsmodellplatten.

Lochrahmen und Stiftrahmen werden nun für das Gipsaufgießen vorbereitet. Die Modelle in der Lochrahmen-Sandform werden in dem Teil mit Schrauben oder Haken versehen, der später in den Gips zu liegen kommt. In die Stiftrahmen-Sandform werden die restlichen fünf Arbeitsmodelle hineingelegt, die ebenfalls auf einer Hälfte mit zwei oder drei Schrauben versehen sind. Die Schrauben oder Haken verhindern das Loslösen der Modelle im Gips. Jetzt werden die eigentlichen Modellplatten-Rahmen aufgelegt, je ein Loch- und Stiftrahmen, die zur Aufnahme des Gipses dienen und der Gipsplatte den Halt geben. Die beiden Sandformen mit den Modellen werden mit Petroleum angeblasen und mit Formpuder eingestaubt.

In einem Gefäß, das dem Inhalt einer Gipsplatte entspricht, wird der Gipsbrei angerührt. Der leichtfließende Brei wird in einen der beiden Rahmen gegossen, die bei diesem Arbeitsgang nebeneinander stehen. Anschließend wird der zweite Rahmen ausgegossen. Der zuviel hineingefüllte Gips wird noch vor dem Erhärten mit einem geraden Abstreicheisen abgestrichen. Dabei bewegt man das Eisen einige Male auf dem Eisenrahmen hin und her. Nach dem Erhärten werden die Gipsplatten von den Sandformen abgehoben und von anhaftendem Sand gesäubert. Zum Schluß werden die Anschnitte, Steiger und Läufe zurechtgemacht und die Gipsplatte lackiert. Nun bleibt sie einige Tage zum Abbinden des Gipses stehen, erst dann kann sie zur Fertigung von Abgüssen in die Gießerei gegeben werden. Zuvor ist es jedoch zweckmäßig, einen Probekasten herstellen zu lassen, an dem die einwandfreie Ausführung der Modellplatte festgestellt werden kann. Vielfach sind kleine Berichtigungen erforderlich, die sich im Gips ja ohne weiteres durchführen lassen.

c) Zweites Anwendungsbeispiel. Es soll in diesem Beispiel die Herstellung einer Mischplatte beschrieben werden. Neun Arbeitsmodelle, teils aus Hartblei, teils aus Messing hergestellt, werden auf einer Platte vereinigt (Abb. 90).

Von den Arbeitsmodellen besitzen nur einige eine ebene Teilungsfläche, diese liegen als geteilte Modelle vor. Zwei andere Modelle müssen dagegen mit einem

Ballen abgegrenzt werden, diese liegen als ungeteilte Modelle vor. Es wird wieder zunächst ein Aufstampfboden in Form eines mit Sand gefüllten Lochrahmens vorbereitet. Die halben Modelle werden aufgelegt und die beiden ungeteilten Modelle eingelassen. Dies natürlich unter Berücksichtigung der Läufe, Steiger und Anschnitte. Es erfolgt nun das Aufstampfen des Stiftrahmens (auf diesen wird später der Unterkasten in Gips aufgegossen) in Formsand. Der Stiftrahmen wird abgehoben, gewendet und auf eine Platte gelegt. Die Modelle, die auf dem Aufstampfboden liegen geblieben sind, werden nun in den Stiftrahmen gelegt. Die Sandform wird mit dem Lanzett poliert, die Modelle werden abgegrenzt und die Formteilung kontrolliert. Danach legt man auf die halben Modelle die zugehörigen anderen

a

b

Abb. 90. Gipsmodellplatten. *a* Platte für den Oberkasten, *b* Platte für den Unterkasten.

Hälften, zeichnet Läufe und Anschnitte an und stampft den aufgelegten Lochrahmen auf. Nachdem man den Lochrahmen abgehoben hat, erfolgt das Schneiden der Läufe und Anschnitte in beiden Rahmen. Die Modelle werden mit Haken oder Schrauben versehen und die Rahmen für die Gipsaufnahme aufgelegt. Der Gipsbrei wird hergerichtet und die beiden Rahmen mit Gips ausgegossen. Nach dem Erhärten werden die Gipsplatten von anhaftendem Sand befreit, die Anschnitte geprüft und die Platten lackiert und getrocknet.

3. Metallmodellplatten nach dem Schabeverfahren. a) Allgemeines. Wünscht man eine dauerhafte Modellplatte herzustellen, so wendet man das Schabeverfahren an. Hierbei entsteht eine Gipsplatte, deren Modellkonturen aus einer gegossenen Metallschicht bestehen.

Das Verfahren wird im Interesse einer klaren Darstellung an einem einfachen Modell beschrieben, das von der Teilungsebene aus nach oben und unten gleich gestaltet ist, so daß man zur Herstellung des Ober- und Unterkastens nur eine einseitige Modellplatte gebraucht (Abb. 91).

b) Anwendungsbeispiel. Man beginnt, indem man zuerst über dem genau auf den Mittelriß gelegten Modell, dessen Lage durch Dübel gesichert ist, eine vollständige Form aufstampft und aus beiden Kastenhälften die Modellhälften heraushebt. Von diesen beiden an sich gleichen Kastenhälften setzt man den Oberkasten *O* vorläufig beiseite; er wird beim späteren Gießen der Metallschicht gebraucht. Von dem Unterkasten *U* stampft man die Gegenkontur I (Abb. 92) ab, wobei man den Einguß für das später einzugießende Metall vorsieht. Die so erhaltene Gegenkontur wird nun in einer Stärke von etwa 5···10 mm beschabt (Abb. 93). Die Stärke der Beschabung spielt eine untergeordnete Rolle und beeinflußt nur den Metallverbrauch. Nach der Entfernung dieser Schicht wird die Oberfläche durch Einstechen mit einem kleinen Rundholz mit Vertiefungen *b* (Abb. 94) versehen. Nunmehr kann die so behandelte Gegenkontur I auf den zuerst zurückgestellten Oberkasten *O* aufgesetzt und Metall eingegossen werden, das die abgeschabte Schicht ausfüllt (Abb. 95). Jetzt wird der Sand aus dem die Gegenkontur enthaltenden Kasten I ausgegraben und der Kasten vorsichtig entfernt, damit die Metallschicht ihre Lage unverändert beibehält (Abb. 96). Die mit den hervorstehenden Ansätzen *b* versehene Oberfläche der Metallschicht wird nun sorgfältig von allem anhaftenden Sand befreit. Dann setzt man den Gipsrahmen auf und gießt ihn aus (Abb. 97), wobei sich die Metallschicht durch die rückseitigen Ansätze *b* fest mit dem Gips verbindet. Man erhält also die mit einer Metallschicht versehene Gipsplatte (Abb. 98), von der der überstehende Metalleingußtrichter zu entfernen ist. Für den Gebrauch wird die Platte in üblicher Weise nachgearbeitet.

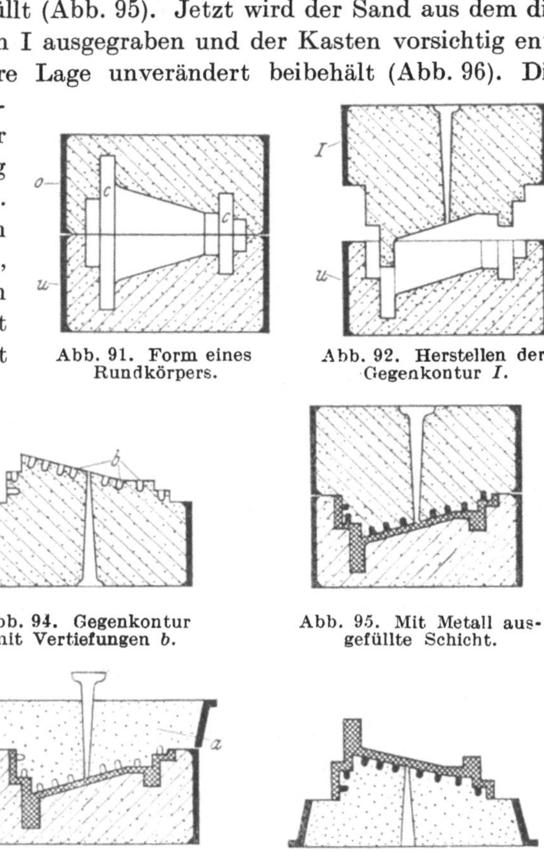

Abb. 91. Form eines Rundkörpers.

Abb. 92. Herstellen der Gegenkontur *I*.

Abb. 93. Beschabte Gegenkontur.

Abb. 94. Gegenkontur mit Vertiefungen *b*.

Abb. 95. Mit Metall ausgefüllte Schicht.

Abb. 96. Unterkasten mit Metallschicht.

Abb. 97. Mit Gips ausgegossener Rahmen *a*.

Abb. 98. Mit einer Metallschicht versehene Gipsplatte.

Abb. 91—98. Herstellung einer Metallmodellplatte nach dem Schabeverfahren.

Das Beispiel zeigt in Abb. 91 die beiden besonders tief einschneidenden Konturen der Flanschen *c*, die beim Abstampfen und nachherigen Abheben die Gegenkontur abreißen würden. Um dies zu vermeiden, drückt man vorher diese Hohlräume in der Arbeitsform *U* (Abb. 92) mit Sand aus und deckt mit einem breiten, genügend starken Papierstreifen ab, so daß diese Teile beim nachherigen Abgießen der abgeschabten Schicht voll laufen. Außerdem gibt man allen steilen Abhubflächen durch Anlegen von Sand genügend Formschräge, damit die abzustampfende Gegenkontur beim Abheben unbeschädigt bleibt.

Diese praktischen Hilfsmittel sind bei den Abbildungen absichtlich unberücksichtigt geblieben, um eine möglichst klare Darstellung zu erzielen.

4. Umschlag-Modellplatten (Reversierplatten). a) Allgemeines. Der Vorteil des Umschlagverfahrens besteht darin, daß man nur eine einzige einseitige Modellplatte zum Formen gebraucht. Diese Platte muß also das Ober- und Unterteil der Form nebeneinanderliegend enthalten. Beim zweimaligen Abformen einer solchen Platte erhält man zwei Formkästen, von denen jeder ein durch die „Umschlaglinie“ getrenntes Ober- und Unterteil enthält. Um die beiden Kästen beim Zusammensetzen wieder richtig zur Deckung zu bringen, muß man den einen um 180° drehen, und zwar um eine Achse, die parallel zur Umschlaglinie liegt.

In zwei zur vollständigen Form zusammengesetzten Kästen erhält man stets eine doppelt so große Anzahl von Abgüssen, als Modelle zur Herstellung der Platte notwendig waren. Bei geeigneten Modellen gewährleistet das Reversierverfahren ferner eine wirtschaftliche und gründliche Ausnutzung der Formfläche.

Am besten läßt sich das Umschlagverfahren bei kleineren Modellen anwenden, obwohl es auch für größere brauchbar ist.

Die Form des Modells ist ausschlaggebend; am besten eignen sich Modelle, die von der Teilungslinie aus nach oben und unten nicht allzu unterschiedlich in der Höhe sind. Auch können sich durch besondere Umstände, wie Anordnung eines oder mehrerer Kernlager in einem Modellteil, Anlegen von Kokillen auf bestimmte Flächen eines Modellteils oder aus sonstigen formtechnischen Gründen, manche Modelle für diese Formplattenart weniger eignen.

b) Erstes Anwendungsbeispiel. Das erste Beispiel zeigt an einem Lager die Herstellung einer gegossenen Umschlagformplatte mit Hilfe des Umschlagformkastens.

Man beginnt, indem man die Formflächenhälfte auf einer gehobelten Holzplatte vorreißt; man wählt die Größe der Fläche so, daß der Abstand zwischen den einzelnen Modellen des Lagers (Abb. 99) nur 6···10 mm beträgt. Aus der Modellreihe nimmt man das zweite und vierte Modell wieder heraus, während das erste und dritte unberührt liegenbleiben müssen (Abb. 101). Um die Lage des ersten und dritten Modells beim Aufstampfen des Formkastens zu sichern, befestigt man beide Modelle auf dem Bodenbrett. Es genügt, wenn man acht Nägel bis zur halben Länge eng um das Modell ins Brett schlägt. Der halbe Umschlagformkasten wird nun passend zur angerissenen Fläche auf die Holzplatte gesetzt und, um diese Lage zu sichern, mit der Holzplatte verklammert. Diese Genauigkeit bei der Vorarbeit ist nötig, da bei Ungenauigkeit die gewählte stark beschränkte Formfläche nicht ausreichen würde. Der halbe Reversierformkasten wird über dem ersten und dritten Modell aufgestampft und dann gewendet. In die freien Lücken zwischen den eingestampften Modellen setzt man nun die beiden anderen Modelle, wobei man die Kernstücke für die Aussparung gleich mit aufsetzt, und stampft darüber die zweite Umschlagkastenhälfte auf (Abb. 100). Die fertig aufgestampften Umschlagformkastenteile in der Arbeitslage nebeneinander zeigen Abb. 101 bis 102. Hierbei liegen die Zentrierlöcher beider Formkästen genau auf dem Mittelriß der Formfläche (d. h. auf der sog. Umschlaglinie). Dadurch, daß zwei Modelle im Unter- und zwei Modelle im Oberkasten aufgestampft sind, befinden sich in jeder Formflächenhälfte je zwei untere und zwei obere Modellpartien, die sich passend gegenüberliegen. Die besonderen Zentrierlappen (unter „Werkzeug zur Plattenherstellung“ Seite 29 beschrieben, Abb. 75 u. 76) gewährleisten ein genaues Zusammenpassen der beiden jetzt nebeneinander gelegten Umschlagkastenhälften. In die Modelle werden Häkchen eingeschraubt, der kleinere Gipsrahmen wird mit Lochschablone passend auf die Formfläche gesetzt und mit Gips ausgegossen (Abb. 103). Die gießfertig zusammengesetzte Umschlagform zeigt Abb. 104, und Abb. 105 den Abguß der acht Lager, der die Vorteile bei dem angewandten Verfahren

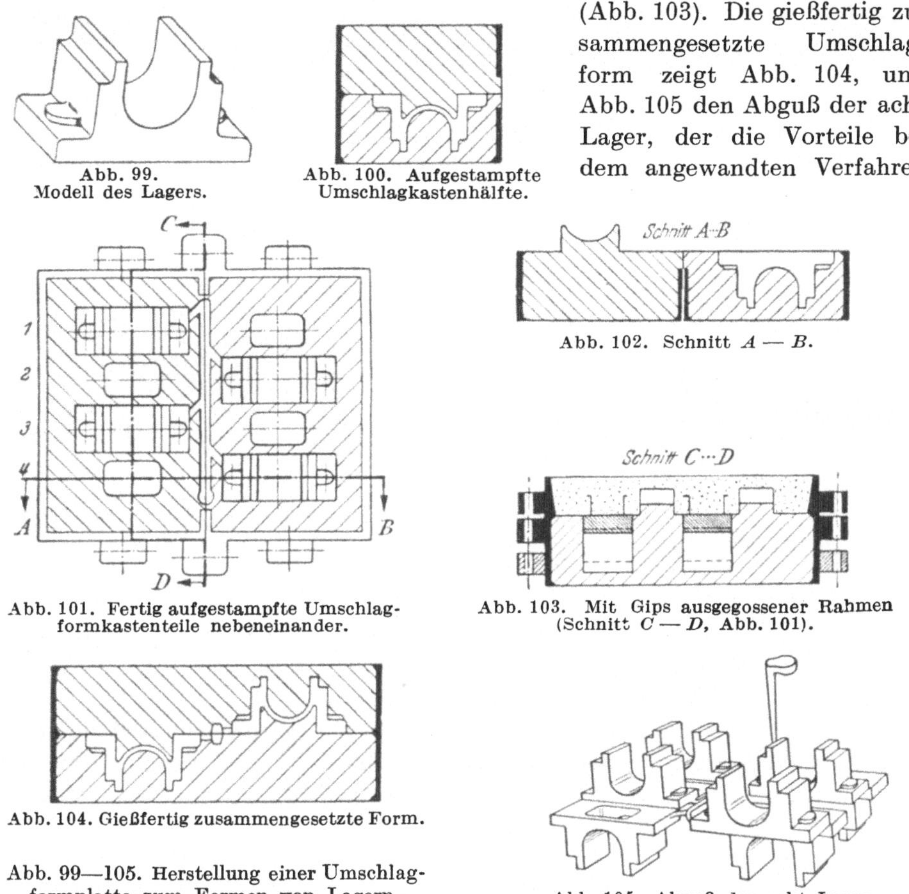

Abb. 99. Modell des Lagers.

Abb. 100. Aufgestampfte Umschlagkastenhälfte.

Abb. 101. Fertig aufgestampfte Umschlagformkastenteile nebeneinander.

Abb. 102. Schnitt *A* — *B*.

Abb. 103. Mit Gips ausgegossener Rahmen (Schnitt *C* — *D*, Abb. 101).

Abb. 104. Gießfertig zusammengesetzte Form.

Abb. 99—105. Herstellung einer Umschlagformplatte zum Formen von Lagern.

Abb. 105. Abguß der acht Lager.

in bezug auf Raumausnutzung deutlich erkennen läßt. Durch die wechselseitige Anordnung der Modelle im Ober- und Unterkasten ist es möglich, auf der räumlich eng begrenzten Formfläche acht Abgüsse zu erzielen, ohne dabei befürchten zu müssen, daß durch die enge Zusammenlegung der Modelle die Formpartien dem Druck des einströmenden Eisens nachgeben. Bei normalem Formverfahren wäre es schon bei sechs Modellen leicht möglich, daß Ausschuß durch Zusammenschlagen entstehen könnte. Zur Anfertigung der Modellplatte sind nur vier Modelle und zur Herstellung einer vollständigen Gußform für acht Abgüsse nur eine Modellplatte nötig.

Liegt die Umschlaglinie auf der Zentriermittenlinie, so braucht von den zwei abgestampften Formen beim Zusammensetzen zu einer vollständigen Gußform nur eine um 180° gewendet zu werden. Die Form wird also wie jede andere zusammengesetzt. Liegt aber die Umschlaglinie quer zur Zentrierlinie, wie beim nächsten Beispiel, so müssen zwei Drehungen von je 180°, um eine senkrechte und eine waagerechte Achse, ausgeführt werden.

c) Zweites Anwendungsbeipsiel. Das zweite Beispiel zeigt die Herstellung einer Reversierformplatte für einen Kreuzschlitten mit Hilfe des Zirkels. Das Modell ist gemäß der Teilungslinie in zwei Hälften zerlegt (Abb. 106). Während sich beim ersten Beispiel die Reversierlinie durch den entsprechend gearbeiteten Kasten von selbst ergab, muß sie hier erst auf der Platte festgelegt werden. Man teilt also die Platte durch die Linie *a—b*

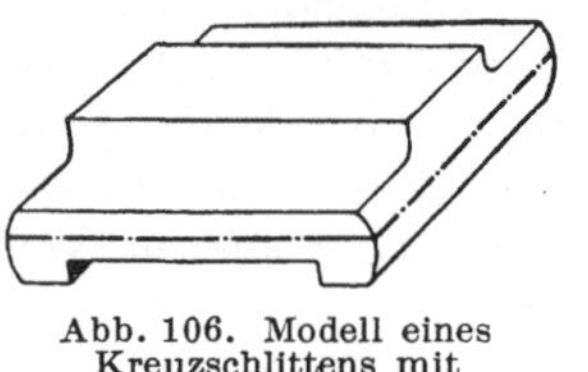

Abb. 106. Modell eines Kreuzschlittens mit angedeuteter Teilungslinie.

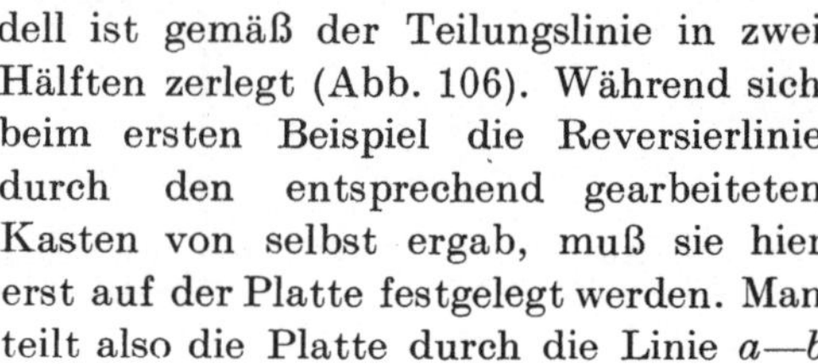

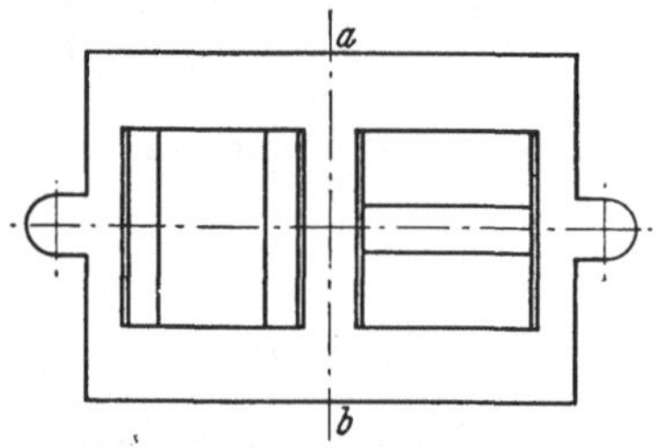

Abb. 107. Enteilung der Umschlagplatte.

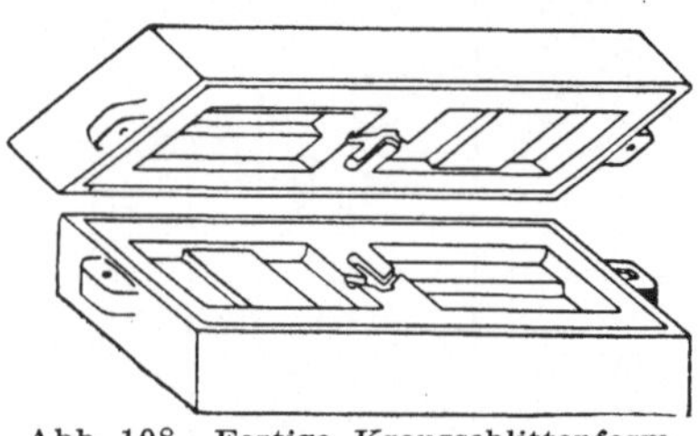

Abb. 108. Fertige Kreuzschlittenform.

Abb. 106—108. Herstellung der Umschlagmodellplatte für einen Kreuzschlitten.

(Umschlaglinie) in zwei Hälften (Abb. 107) und bringt in gleichen Abständen von dieser Linie die beiden Modellhälften auf. Der Arbeitsvorgang hierzu ist auf S. 34 bei der Herstellung einer montierten Platte für Ventilgehäuse beschrieben (Abb. 82). Die fertige Kreuzschlittenform zeigt Abb. 108.

d) Drittes Anwendungsbeispiel. Das dritte Beispiel zeigt die Herstellung einer zusammengesetzten Umschlagformplatte mit Hilfe einer Übertragungsplatte. Das Modell des Führungsstückes (Abb. 109) ist in der angedeuteten Weise geteilt. Die fertige Umschlagformplatte zeigt Abb. 110.

Die Übertragungsplatte ist ein 3···5 mm dickes Blech, auf das durch Bohren die Zentrierlöcher *a* der Modellplatte übertragen werden. Die zusammengesetzten geteilten Modelle werden an zwei Stellen durchbohrt, dann werden drei Modellhälften auf der Übertragungsplatte angeordnet und die Modellöcher durch Bohren übertragen (Abb. 111). Die Übertragungsplatte benutzt man jetzt als Bohrlehre, indem man sie an den Zentrierlöchern *a* mit Führungsstiften aufnimmt und in den beiden Stellungen bei Abb. 112 die Löcher der Lehre auf die Modellplatte überträgt. Die Modellhälften werden jetzt auf die Modellplatte gelegt, mit Paßstift gesichert und dann verschraubt.

Die auf diese Art aufgebaute Umschlagplatte gewährleistet eine unbedingt einwandfreie Lage der Modellhälften zueinander. Man erzielt fast nahtlose Abgüsse.

5. Klischeeformplatten. a) Allgemeines. Hat man des öfteren verschiedene kleinere Modelle in wechselnden Stückzahlen abzugießen, so wendet man die Klischeeformplatte an. Sie besteht aus einem Sammelrahmen, in welchem die einzelnen Modelle als sog. Klischeeformstreifen beliebig aneinander gereiht und eingespannt sowie in verhältnismäßig kurzer Zeit gegen andere Formstreifen ausgewechselt werden können.

Zur Herstellung der Klischeeformstreifen ist besonderes Werkzeug nötig: ein kleiner Umschlagformkasten, ein Zwischenrahmen, ein Deckkasten und einige Begrenzungslineale.

Das Arbeiten mit Klischeeformplatten ist in vielen Betrieben ganz abgekommen. Nur in kleineren und mittleren Gießereien findet man ab und zu noch Klischeeformplatten.

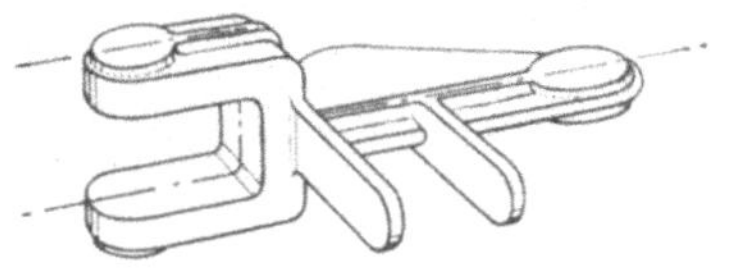

Abb. 109. Modell des Führungsstückes.

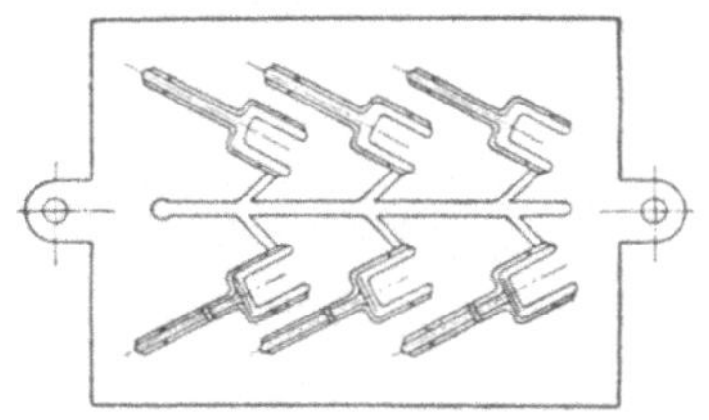

Abb. 110. Fertige Umschlagmodellplatte.

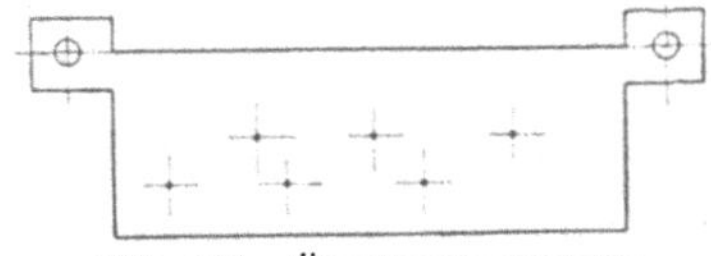

Abb. 111. Übertragungsplatte.

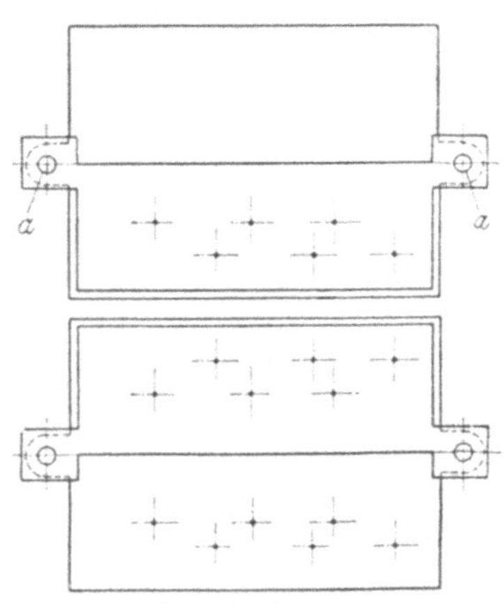

Abb. 112. Übertragen der Bohrungen. *a* Zentrierlöcher.

Abb. 109—112. Umschlagmodellplatte für ein Führungsstück.

b) Anwendungsbeispiel: „Herstellung eines Klischeeformstreifens für ein Handrad“. Man beginnt mit der Herstellung eines Klischeeformstreifens, indem man zuerst eine vollständige Umschlagform des Modells herstellt (Abb. 113). In der Arbeitslage nebeneinander werden Ober- und Unterform durch die an den Schließflächen befindlichen Zentrierlappen *z* (Abb. 114) passend zueinander festgelegt. Alsdann wird der Zwischenrahmen *r* auf die Umschlagform gelegt, der an zwei gegenüberliegenden Seiten nach innen treppenartig ausgearbeitet ist (*c*, *c* Abb. 115). Die gewünschte Breite des Klischeeformstreifens stellt man durch die Begrenzungslineale *a* (Abb. 115) her. Sie passen genau auf den Zwischenrahmen und schließen die Form entsprechend der gewünschten Breite des Klischeeformstreifens ab. Auf die Umschlagform wird der Deckkasten aufgesetzt, den man zuvor an einer gehobelten Eisenplatte abstampft, und den man mit dem Eingußtrichter für das später einzugießende Metall versehen hat (Abb. 116). Da die Schließflächen des Zwischenrahmens, des Umschlag- und Abdeckformkastens passend zueinander gearbeitet sind, liegen die beiden Kastenmittellinien der Umschlag- und Abdeckform genau übereinander. Die eingefräste Nute *a* in der Längsrippe des Abdeckformkastens bildet nach dem Abguß den rückseitigen Mittelsteg des Klischeeformstreifens, und die im Zwischenrahmen befindliche eingangs erwähnte treppenartige Ausarbeitung *c* (Abb. 115) bildet an den Schmalseiten des

Klischeeformstreifens je eine Stufe. Nachdem die Form mit wenig schwindendem Modellmetall ausgegossen, der Einguß entfernt und die Modellseite geglättet ist, kann der Klischeestreifen ohne besondere Nacharbeit in den Einspannrahmen eingereiht werden.

Abb. 117 zeigt die Hauptteile des Einspannrahmens. Der Rahmen ist genau gearbeitet und im wesentlichen gekennzeichnet durch eine Mittelrippe mit eingefräster Nute *a*, zwei seitlichen Spannleisten *b* und einer vorderen *c*. Die eingefräste Nute der Mittelrippe nimmt den rückseitigen Mittelsteg des Klischeeformstreifens

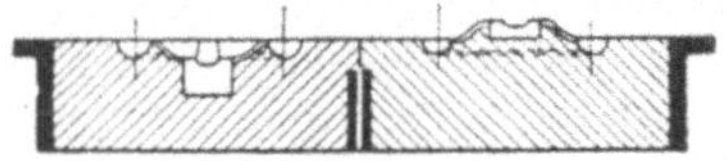

Abb. 113. Umschlagform des Handrades.

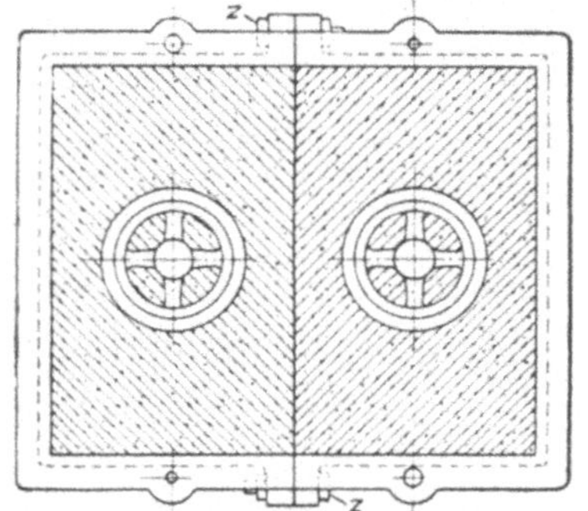

Abb. 114. Umschlagform nebeneinander. *z* Zentrierlappen.

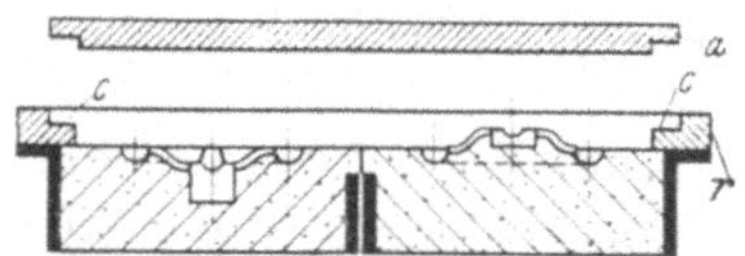

Abb. 115. Form mit Zwischenrahmen. *a* Begrenzungslineal, *c* treppenförmige Ausarbeitung, *r* Zwischenrahmen.

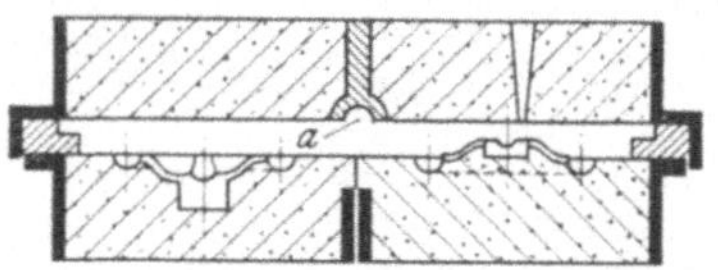

Abb. 116. Umschlagform mit Deckkasten und Zwischenrahmen. *a* Nute in der Längsrippe.

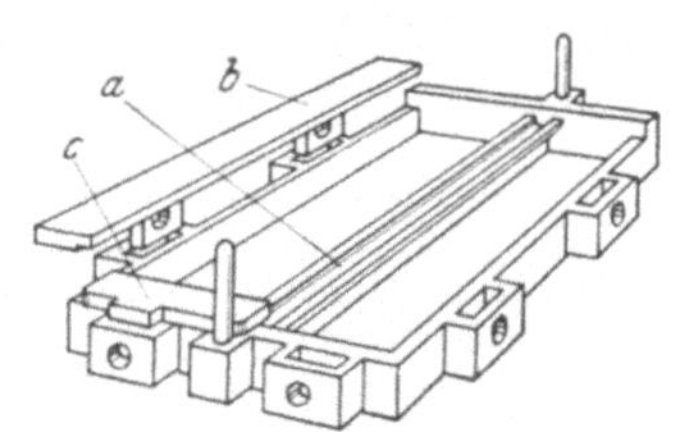

Abb. 117. Einspannrahmen. *a* Mittelrippe mit Nute, *b* seitliche Spannleiste, *c* vordere Spannleiste.

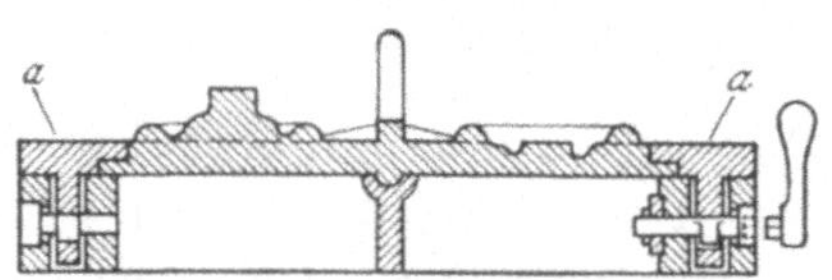

Abb. 118. Einspannrahmen mit Klischeestreifen im Schnitt. *a* seitliche Spannleisten.

Abb. 113—118. Umschlagformplatte für ein Handrad.

auf, wodurch der richtige Abstand der Modelle von der Kastenmittellinie gesichert wird, wie aus der Schnittzeichnung ersichtlich. Das Einspannen der Klischeeformstreifen in den Rahmen geschieht durch die mit Exzentereinrichtung wirkenden seitlichen Spannleisten *a* (Abb. 118). Die vordere Spannleiste spannt die Klischeestreifen gegeneinander fest. Ausgewechselt werden die Klischeeformstreifen durch Anheben der seitlichen Spannleisten und Lockern der vorderen.

6. Doppelseitige Modellplatten. a) Allgemeines. Die doppelseitige Modellplatte kann als zusammengesetzte oder als gegossene Modellplatte angefertigt werden; sie unterscheidet sich von allen anderen dadurch, daß sie auf beiden Seiten formgebend ist. Die doppelseitige Modellplatte wird bei kleineren Modellen und demzufolge kleineren Formkastenabmessungen als Handformplatte benutzt. Der leichteren Handlichkeit wegen wird sie in Leichtmetall gegossen. Gewöhnlich wird die Handformplatte auf einer kastenlosen Preßformmaschine verwendet. Handelt es sich dagegen um größere, höher profilierte Modelle, wofür als typisches Beispiel ein hohes Lagerschild genannt sei, so brint man die doppelseitige in Eisen gegossene Modellplatte auf eine Wendeplatten-Formmaschine.

Die Ausführung einer doppelseitig zusammengesetzten Platte ist sehr einfach. Nachdem die Modellhälften bei richtiger Lage zueinander gemeinsam durchbohrt sind, legt man eine Modellhälfte auf die Platte und überträgt die Paßstiftbohrungen auf die Platte. Von den Paßstiftbohrungen ausgehend, werden auf beiden Seiten der Platte die Modelle aufgeschraubt.

b) Erstes Anwendungsbeispiel. Es zeigt die Herstellung einer doppelseitigen Modellplatte für ein Lagerschild (Abb. 119). Zu diesem Zweck ist ein Modell nötig, das gleich um die Wanddicke der Wendeplatte stärker gehalten wird;

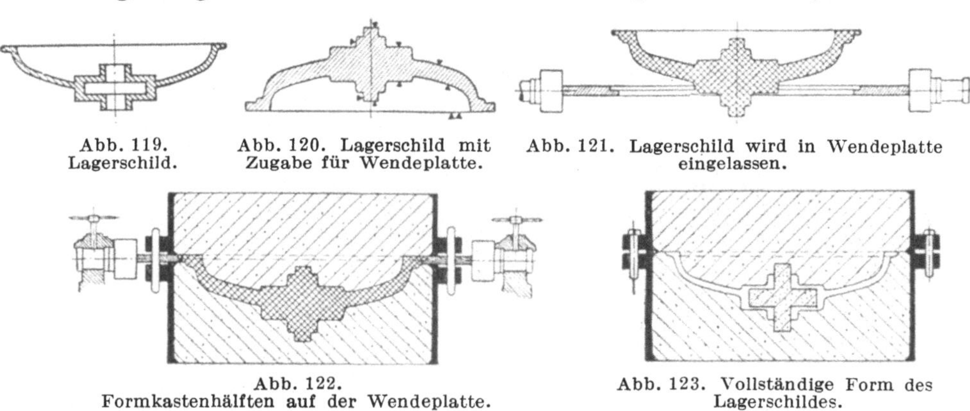

Abb. 119. Lagerschild.

Abb. 120. Lagerschild mit Zugabe für Wendeplatte.

Abb. 121. Lagerschild wird in Wendeplatte eingelassen.

Abb. 122. Formkastenhälften auf der Wendeplatte.

Abb. 123. Vollständige Form des Lagerschildes.

Abb. 119—123. Modellplatte für ein Lagerschild.

außerdem ist die Bearbeitungszugabe zu berücksichtigen (Abb. 120). Das Modell wird in die abgesetzte Wendeplatte eingelassen (Abb. 121). Abb. 122 zeigt die beiden Formkastenhälften auf der Wendeplatte und Abb. 123 die beiden Hälften zur vollständigen Form zusammengesetzt.

c) Zweites Anwendungsbeispiel. Die Abbildungen 124 bis 131 zeigen die Ausführung einer doppelseitigen Modellplatte aus Leichtmetall für mehrere kleinere Modelle; als Werkstück ist ein Spannhebel gewählt. Die Schwierigkeit liegt darin, daß die acht Arbeitsmodelle auch tatsächlich formgerecht zur Formteilungsebene liegen müssen. Man muß also die formgerechte Lage der Modelle beim Aufstampfen von vornherein sichern. Die beiden kleinen Naben des Spannhebels bieten bei weitem nicht genügend sichere Auflagefläche beim Aufstampfen. Zweckmäßig verfährt man daher wie folgt:

Man legt einige Unterlagbrettchen für die Modelle und den Formkasten auf die Richtplatte (Abb. 125). Die Modelle verschraubt man durch die mittlere starke Nabe mit den Unterlagbrettchen, prüft die formgerechte Lage jedes Modelles durch Abwinkeln auf formgerechten Abhub und verbessert, falls nötig, die Stellung. Dann stampft man eine vollständige Form auf, wobei der Eingußtrichter für die abzugießende Modellplatte vorzusehen ist (Abb. 126). Nachdem man die erste Sandlage über die Modelle gestampft hat, wird der Sand bis auf die Schraubenköpfe ausgegraben und die Schrauben werden entfernt. Nach dem Trennen der

Kastenteile werden die Eingüsse angeschnitten und die Modelle herausgehoben. Der Zwischenrahmen (Abb. 127) wird auf die Unterform gelegt (Abb. 128). Die Form wird zusammengesetzt und mit Leichtmetall ausgegossen (Abb. 129). Die gegossene Modellplatte (Abb. 130) wird nachgearbeitet und mit Zentrierlöchern

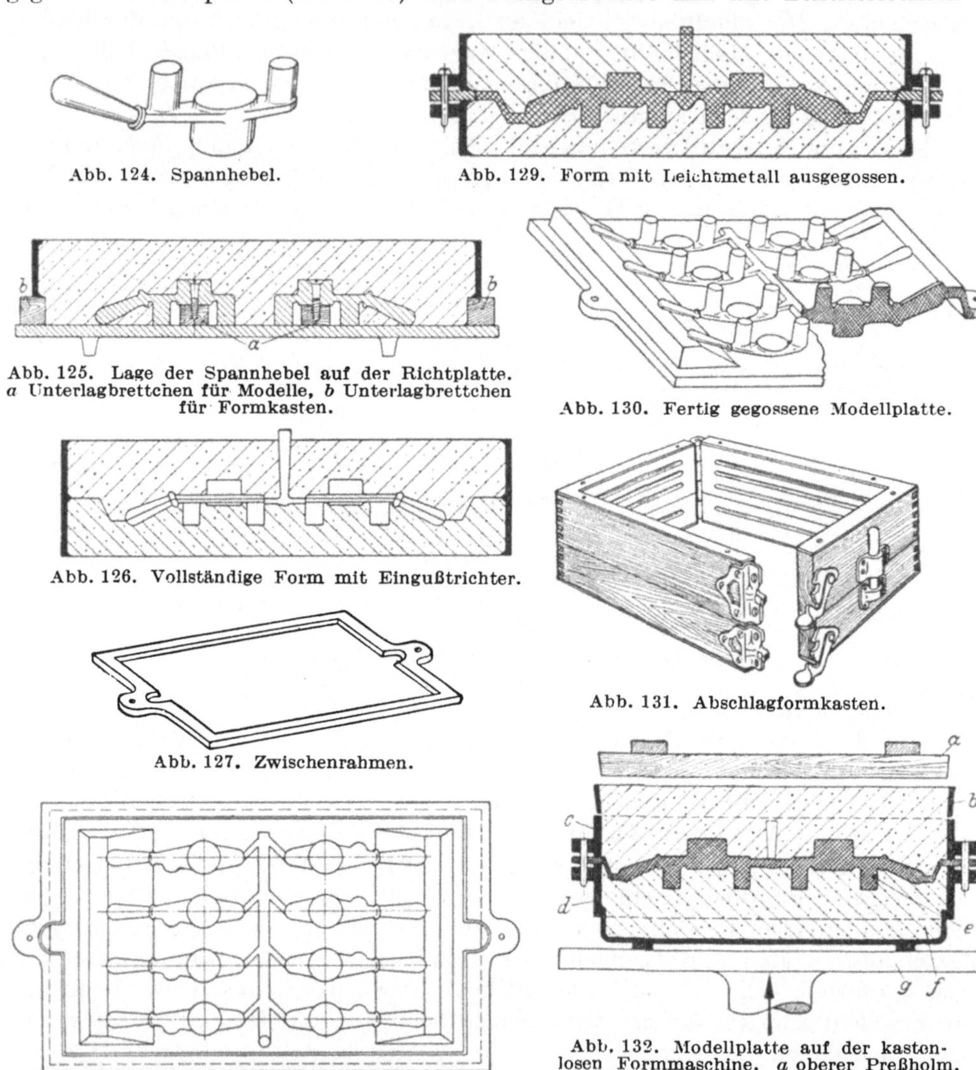

Abb. 124. Spannhebel.

Abb. 129. Form mit Leichtmetall ausgegossen.

Abb. 125. Lage der Spannhebel auf der Richtplatte. *a* Unterlagbrettchen für Modelle, *b* Unterlagbrettchen für Formkasten.

Abb. 130. Fertig gegossene Modellplatte.

Abb. 126. Vollständige Form mit Eingußtrichter.

Abb. 131. Abschlagformkasten.

Abb. 127. Zwischenrahmen.

Abb. 128. Zwischenrahmen auf Unterform.

Abb. 132. Modellplatte auf der kastenlosen Formmaschine. *a* oberer Preßholm, *b* Füllrahmen, *c* Oberkasten, *d* Unterkasten, *e* Modellplatte, *f* Füllrost, *g* Preßkolben.

Abb. 124—132. Modellplatte zum kastenlosen Formen von Spannhebeln.

versehen. Zu diesem Zweck legt man die Modellplatte wieder in den Zwischenrahmen und überträgt mit der Lochschablone die Zentrierlöcher durch Bohren auf die Modellplatte.

Abb. 131 zeigt einen Abschlagformkasten und Abb. 132 die Modellplatte in Vorpreßstellung auf der kastenlosen Formmaschine (*a* oberer Preßholm, *b* Füllrahmen, *c* Oberkasten, *d* Unterkasten, *e* Modellplatte, *f* Füllrost, *g* Preßkolben).

Die Trennung des Modells vom Sand geht auf der Maschine meistens so vor sich, daß beim Abwärtssinken des Preßkolbens (nach erfolgter Pressung) zuerst das Oberteil *c* an Klinken hängen bleibt, während die Modellplatte weiter sinkt, bis sie auf Stellringen stehenbleibt, und endlich das Unterteil *d* durch noch weiteres Abwärtssinken von der Modellplatte getrennt wird.

Die Modellplatte wird dann ausgeschwenkt oder auch von Hand abgenommen, Formkasten *c* und *d* werden zusammengesetzt, der Abschlagkasten wird entfernt, und man erhält die kastenlose gießfertige Form.

7. Modellplatte mit Abstreifkamm. a) Allgemeines. Modelle mit hohen winkligen Wänden lassen sich auf Abhebemaschinen nur dann formen, wenn man Formeinrichtungen mit Abstreifkamm anwendet. Bei diesem Formverfahren werden im Augenblick der Trennung von Modell und Sand die Sandkonturen durch einen Abstreifkamm unterstützt. Der Abstreifkamm ist ein den äußeren Modellumrissen folgender loser Bestandteil der Formeinrichtung. Durch die Aufwärtsbewegung des Abstreifkammes am Modellumriß beim Abheben wird die Sandform „abgestreift“.

b) Erstes Anwendungsbeispiel. Als Beispiel für das erste Verfahren ist ein Pumpengehäuse (Abb. 133) angenommen. Man müßte es eigentlich dreiteilig formen, deckt aber den oberen Flansch *a* mit einem Kern ab, so daß die Form zweiteilig hergestellt werden kann (Abb. 134). Bei Beginn der Arbeit ist es nötig, nach dem vorhandenen Metallmodell je eine feste Grundform für Ober- und Unterkasten zu schaffen, von denen bei Herstellung sowohl der gußeisernen Abstreifkämme als auch der Modellplatten ausgegangen wird. Eine Grundform aus Sand erweist sich als nicht zweckmäßig, weil die stets gleiche Lage des Modells in diesem Falle bei den beiden Arbeitsgängen nicht genügend gesichert wäre. Man stellt die Grundform daher aus Gips her, indem man nach Trennung von Ober- und Unterkasten (Abb. 135 u. 136) Gipsrahmen aufsetzt und in die vorgesehenen Dübellöcher der Modellhälften lose Paßdübel *a* steckt (Abb. 137 u. 138), die am überstehenden Ende in Gips festgegossen werden. Nach dem Erstarren des Gipses sichern die Dübel im Verein mit den Führungsstiften des Gipsrahmens die Lage der Modellhälften.

Zur Herstellung des Abstreifkammes stampft man, von den beiden Grundformen ausgehend, Ober- und Unterkasten neu auf. Die Größe der Formkästen entspricht hierbei der zum Formen des Modells notwendigen Formfläche. Der Abstreifkamm muß aber in seinen äußeren Abmessungen größer sein als der zum Formen verwendete Kasten. Man muß daher die Formfläche vergrößern, Ober- und Unterkasten werden zu diesem Zweck je in einen Kasten größerer Abmessung gesetzt und die Oberkanten der Kästen auf gleiche Niveauhöhe gebracht; den Hohlraum zwischen großen und kleinen Kästen stampft man mit Sand aus und erhält so die größere Formfläche (Abb. 139 u. 140). Jetzt hebt man die Modellhälften aus dem Sand. Die dadurch entstehenden Modellhohlräume werden derart mit Sand vollgedrückt, daß die Sandfüllung 2···3 mm von der oberen Kante zurücksteht. Man erreicht hierdurch, daß die Modellumrisse, die man zum Ausschneiden der Abstreifkämme braucht, durch Abstampfen auf die Gegenkontur übertragen werden.

Zur Vereinfachung des Arbeitsganges fertigt man je einen Holzrahmen (Abb. 141 und 142) für Ober- und Unterkasten an, 4···5 cm breit und 1···1,5 cm dick, und legt sie passend auf die Formkästen. In ihren äußeren Umrissen decken sie die inneren Formkastenteile.

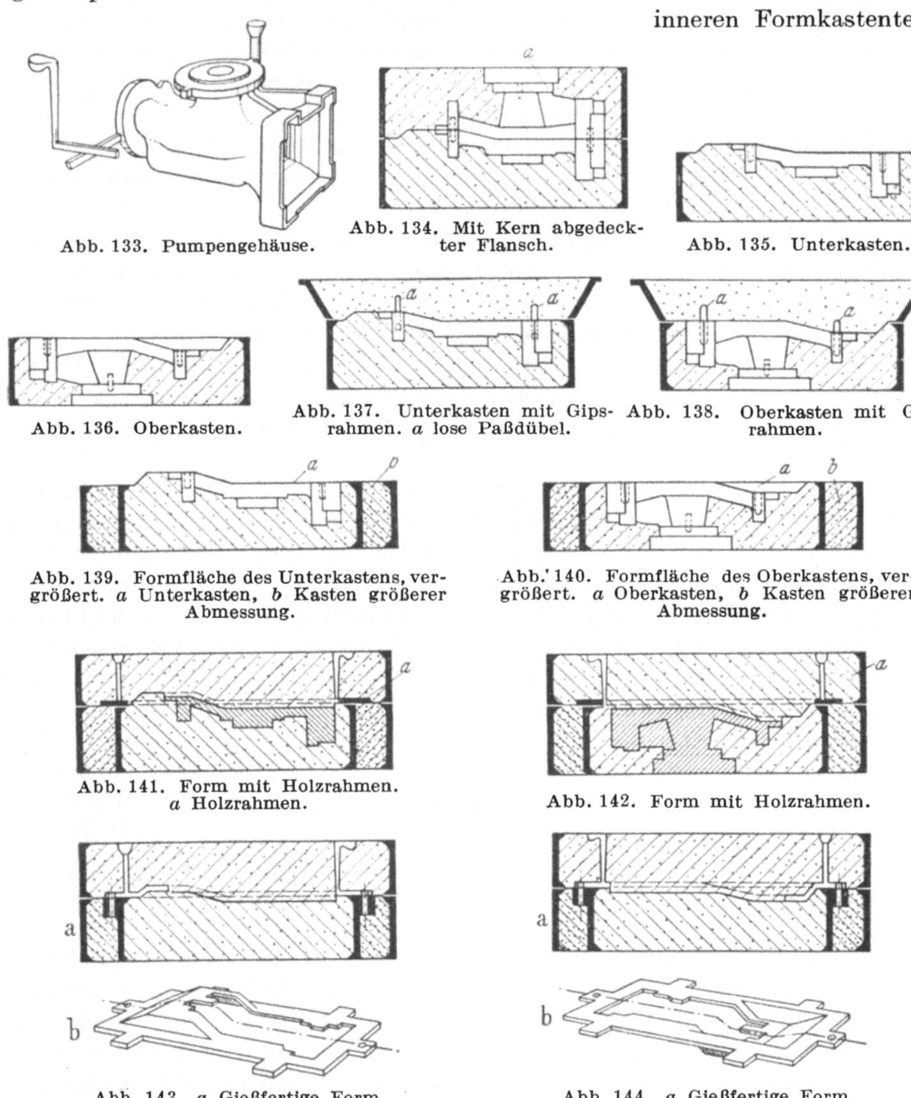

Abb. 133. Pumpengehäuse.

Abb. 134. Mit Kern abgedeckter Flansch.

Abb. 135. Unterkasten.

Abb. 136. Oberkasten.

Abb. 137. Unterkasten mit Gipsrahmen. *a* lose Paßdübel.

Abb. 138. Oberkasten mit Gipsrahmen.

Abb. 139. Formfläche des Unterkastens, vergrößert. *a* Unterkasten, *b* Kasten größerer Abmessung.

Abb. 140. Formfläche des Oberkastens, vergrößert. *a* Oberkasten, *b* Kasten größerer Abmessung.

Abb. 141. Form mit Holzrahmen. *a* Holzrahmen.

Abb. 142. Form mit Holzrahmen.

Abb. 143. *a* Gießfertige Form, *b* Abstreifkamm.

Abb. 144. *a* Gießfertige Form, *b* Abstreifkamm.

Abb. 133—151. Herstellung einer Modellplatte mit Abstreifkamm für ein Pumpengehäuse.

Von den so vorgerichteten Kastenhälften stampft man die Gegenkonturen ab. Nachdem die abgestampften Kästen abgehoben sind, hebt man die Holzrahmen heraus und stellt die Kästen hochkant. Die äußeren Konturen der Abstreifkämme sind in den Formen gegeben durch die ausgehobenen Holzrahmen; man schneidet noch die vier äußeren Lappen für die Abhebestifte und nach innen, in der Stärke des ausgehobenen Holzrahmens, den Abstreifkamm bis an die erhabenen Modellumrisse aus dem Sand heraus. Außerdem setzt man in die Führungslappen der inneren Formkastenteile je einen Kern. Nachdem die Abstreifkämme auf diese Weise aus der Form herausgeschnitten sind, setzt man beide Teile zusammen und gießt den so entstandenen Hohlraum mit Eisen aus. Die abgegossenen Abstreifkämme (Abb. 143 u. 144) werden vom Modellschlosser passend nachgearbeitet.

Durch die Schwindung passen allerdings die eingegossenen Löcher nicht mehr; man feilt die Löcher deshalb nach außen etwas nach. Die dadurch oval geworde-

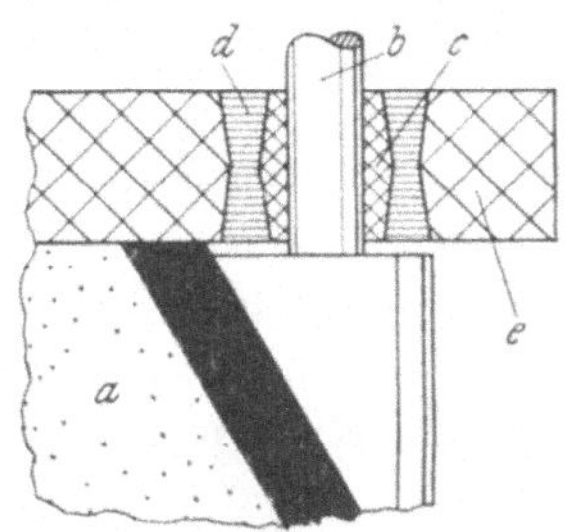

Abb. 145.
Arbeitsgang zur Herstellung der Lochlehre.
a Gipsrahmen, *b* Zentrierstift, *c* Buchse, *d* Weißmetall, *e* Abstreifkamm.

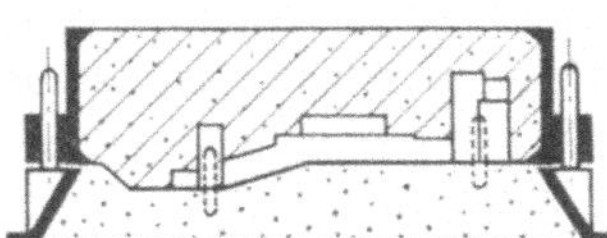

Abb. 146.
Erneute Herstellung des Unterkastens.

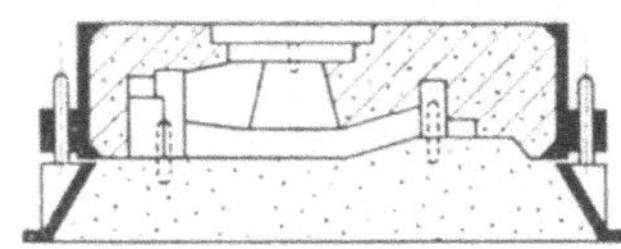

Abb. 147.
Erneute Herstellung des Oberkastens.

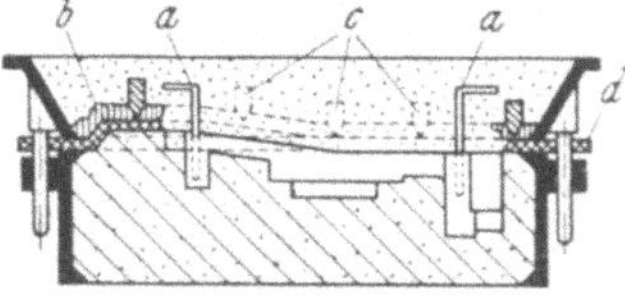

Abb. 148. Unterkasten mit aufgegossener Gipsform. *a* Winkelschrauben, *b* Tonschicht, *c* Reiter, *d* Abstreifkamm

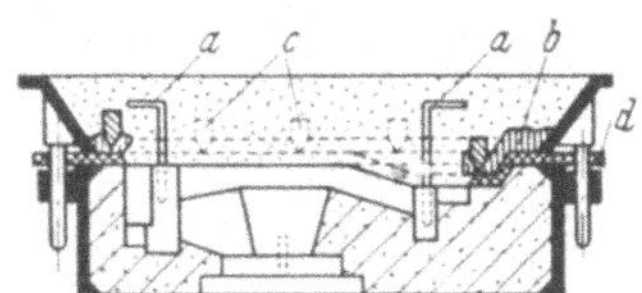

Abb. 149.
Oberkasten mit aufgegossener Gipsform.

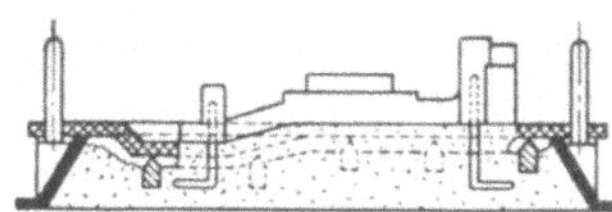

Abb. 150.
Fertige Modellplatte für Unterkasten.

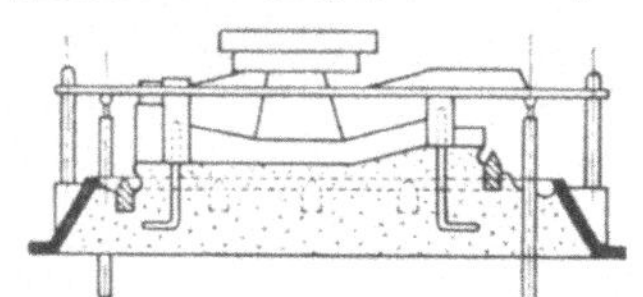

Abb. 151. Modellplatte für Oberkasten.

Abb. 133—151. Herstellung einer Modellplatte mit Abstreifkamm für ein Pumpengehäuse.

nen Löcher genügen für die Führung, da sich der Abstreifkamm von selbst genau am Modellumriß führt. Will man den Abstreifkamm auch in den Zentrierstiften genau führen, so muß man die Löcher größer bohren, von beiden Seiten kegelig einsenken und dann entsprechend dem Arbeitsgang zur Herstellung der Lochlehre verfahren. In Abb. 145 ist dieser Arbeitsgang dargestellt: *a* ist der Gipsrahmen, *b* der Zentrierstift, *c* die Buchse, *d* das Weißmetall, *e* der Abstreifkamm.

Zur Herstellung der Modellplatten geht man wieder von den Grundformen aus. Die Modellhälften werden passend auf die Gipsgrundformen gelegt und die aufgesetzten Kästen erneut aufgestampft (Abb. 146 u. 147). Die Abstreifkämme werden jetzt so auf die beiden gewendeten Kästen gelegt, daß sich die Modelle leicht durch sie hindurchziehen lassen. Man überzeugt sich von der richtigen Lage der Abstreifkämme, indem man die Modelle etwas anhebt. Die Modelle müssen ohne Zwängungserscheinungen durch den Kamm hindurchgehen. Der Abstreifkamm wird auf der Oberfläche mit Öl eingepinselt und in die Modellhälften werden starke Winkelschrauben hineingedreht. Auf die so vorgerichtete Form wird der Gipsrahmen gesetzt und mit Gips ausgegossen. Die Modelle haben sich durch die eingedrehten Winkelschrauben fest mit dem Gips verbunden, während sich die Abstreifkämme durch den isolierenden Ölanstrich leicht von der Modellplatte trennen lassen (Abb. 148 u. 149).

Es empfiehlt sich, bei gußeisernen Abstreifkämmen sog. Reiter vorzusehen. Dazu wird der Abstreifkamm mit einer 10 mm stark ausgewalzten Tonschicht (Abb. 148 u. 149) belegt, und es werden keilartige Reiter aus Gußeisen in nicht zu großen Abständen auf den Kamm gesetzt. Nachdem diese Reiter in Gips festgegossen sind und die Tonschicht vom Gips weggenommen ist, ruht der lose Abstreifkamm lediglich auf den Reitern. Der beim Formen durchfallende Sand lagert sich dadurch in dem Hohlraum zwischen Kamm und Gips ab. Eine genügend große Anzahl von Reitern in Verbindung mit genügender Kammstärke verhütet ein Durchbiegen des Kammes.

Abb. 150 u. 151 zeigen die fertigen Modellplatten; in Abb. 151 ist der Abstreifkamm in Hubstellung dargestellt.

c) Zweites Anwendungsbeispiel. In diesem Beispiel soll die Herstellung eines Abstreifkammes einer einfachen zusammengesetzten Modellplatte besprochen werden. Es handelt sich um eine Platte, auf der drei Arbeitsmodelle eines Ringes

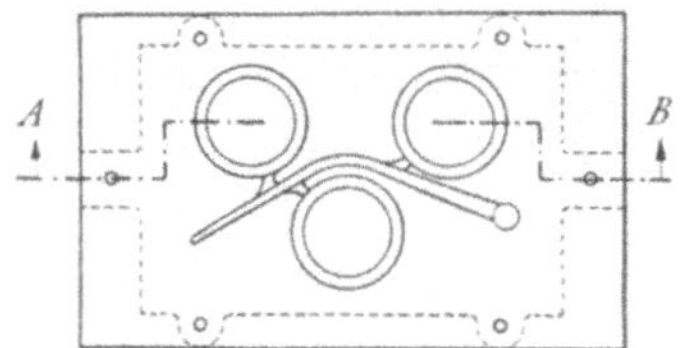

Abb. 152. Modellplatte mit Abstreifkamm.

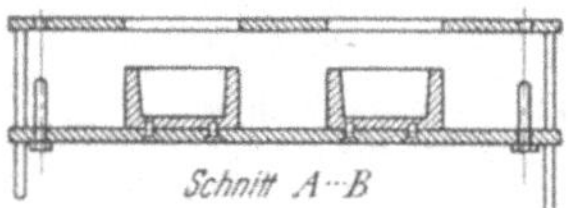

Abb. 153. Schnitt A — B. Platte mit abgehobenem Abstreifkamm.

Abb. 152—153. Zusammengesetzte Modellplatte mit Abstreifkamm für drei Ringe.

aufmontiert sind. Die Ringe dürfen außen keinen Formkegel aufweisen und müssen deshalb mit Hilfe einer Abstreifplatte hergestellt werden. Als Abstreifplatte dient eine Aluminiumplatte von 8···10 mm Dicke. Um diese Dicke müssen die drei Arbeitsmodelle höher gehalten werden. Außerdem ist es zweckmäßig, die Modelle mit einem Boden in der Dicke der Abstreifplatte zu versehen; dieser Boden gestattet das Befestigen der Modelle auf der Eisenplatte. Da der Ring als einteiliges Modell gearbeitet ist, wird nur ein Abstreifkamm für den Unterkasten benötigt. Der Oberkasten ist ein glatter Kasten mit dem zugehörigen Eingußtrichter.

Die Abstreifplatte muß so groß sein, daß sie von den Abhebestiften der Formmaschine erfaßt und abgehoben wird. Die Modelle werden auf die Abstreifplatte gelegt und ihre Umrisse auf der Platte angerissen. Das Ausarbeiten der Umrisse bzw. das Herstellen der drei kreisförmigen Durchbrüche kann mechanisch geschehen. Nach Fertigstellung der Abstreifplatte werden Eisenplatte, Abstreifplatte und Modelle passend zusammengelegt und die Modelle mit der Eisenplatte verschraubt. Die Abstreifplatte wird nun noch mit den entsprechenden Läufen und Anschnitten versehen.

Die Platte mit Abstreifkamm zeigt Abb. 152, während in Abb. 153 die abgehobene Abstreifplatte zu erkennen ist.

Zwischen dem ersten und zugleich etwas schwierigen Anwendungsbeispiel und dem einfachen zweiten Anwendungsbeispiel gibt es noch vielerlei andere Möglichkeiten, die hier leider nicht alle besprochen werden können.

8. Herstellung einer Durchzugplatte. **a)** Allgemeines. Das Durchzugverfahren findet da Anwendung, wo der Abstreifkamm nicht mehr ausreicht. Stirnräder, Rippenheizkörper, Zylinder und ähnliche Gußteile lassen sich einwandfrei nur nach dem Durchzugverfahren herstellen. Die dazu erforderlichen Einrichtungen sind allerdings oft sehr kostspielig.

b) Anwendungsbeispiel. Das Durchziehverfahren besteht zum Beispiel bei Anfertigung eines Zahnrades darin, daß man das Modell durch einen allseitig in die Zahnlücken hineinreichenden Durchziehkamm nach unten durchzieht. Der die Zahnlücken ausfüllende, fest gestampfte Formsand wird hierbei vom Durchziehkamm getragen. Am Anfang der Abwärtsbewegung des Modells macht nun der die Lücken ausfüllende Sand den Durchzug des Modells mit, indem er sich gegen den Durchziehkamm hin etwas zusammenschiebt und dabei oben von der Form abreißt; erst nach Zurücklegung eines gewissen Weges löst sich das Modell von dem anhaftenden Sand los. Die Folge ist, daß beim Gießen an den abgerissenen Stellen Grat entsteht. Um das zu vermeiden, fertigt man ein Modell, das in Richtung der Zähne länger ist als nötig. Dieses Modell zieht man nach Vollendung der ersten Stampflage zuerst nur um ein gewisses Maß nach unten, das genügt, um ein Loslösen von dem anhaftenden Sand zu bewirken. In dieser Stellung muß die Entfernung von Oberkante Modell bis zum Durchziehkamm der Länge des herzustellenden Abgusses, also der Breite des Zahnrades entsprechen. Jetzt stampft man den Kasten fertig und zieht das Modell, das sich nun ohne Abreißen des Sandes lösen läßt, vollends durch.

Ein Durchziehkamm für das Stirnrad Abb. 154 wird hergestellt, indem man sich erst eine vollständige Form anfertigt und im Oberkasten Eingußtrichter *a* (Abb. 155) für den abzugießenden Durchziehkamm vorsieht. Nachdem man den Oberkasten abgehoben hat, gräbt man rings um das Modell und zwischen den Zähnen eine Vertiefung (Abb. 156) heraus. Dieser Ringausschnitt wird durch eingedrückte Blechstreifen in mehrere Segmente eingeteilt. Hierauf wird die Form zwecks besserer Lösung des Metallkranzes vom Modell mit Talkum eingestäubt, der Oberkasten aufgesetzt und die Form mit wenig schwindendem Modellmetall ausgegossen (Abb. 157). Da man den Hohlraum für den abzugießenden Metallkranz durch Einsetzen von Blechstreifen in mehrere Felder geteilt hat, muß man für das einzugießende Metall für jedes Segmentfeld einen Eingußtrichter vorsehen, die man im Oberkasten zu einem gemeinsamen Gießtümpel vereinigt (Abb. 155 u. 157).

Nach dem Ausleeren werden die einzelnen Segmentstücke am Zahnrad gekennzeichnet und dann vom Modell gelöst. Nachdem die Eingußtrichter abgelötet und die Segmentstücke gesäubert sind, werden sie passend, der Kennzeichnung entsprechend, wieder an das Modell angelegt. Die Trennfugen zwischen den Segmentstücken werden mit der gleichen Metallegierung geschweißt. Das Schweißmetall wird zu diesem Zweck flüssig rotwarm gemacht. Die beschriebene Einteilung des Metallringes in einzelne Segmente ist wegen der Schwindung des Ringes notwendig.

Abb. 158 zeigt das Zahnrad und den passend zum Einlassen in die Modellplatte bearbeiteten Durchziehkamm. Die Formeinrichtung wird mit einer Durchzugformmaschine in Verbindung gebracht. Abb. 159 zeigt die fertig montierte Einrichtung im Moment des erfolgten Durchzuges.

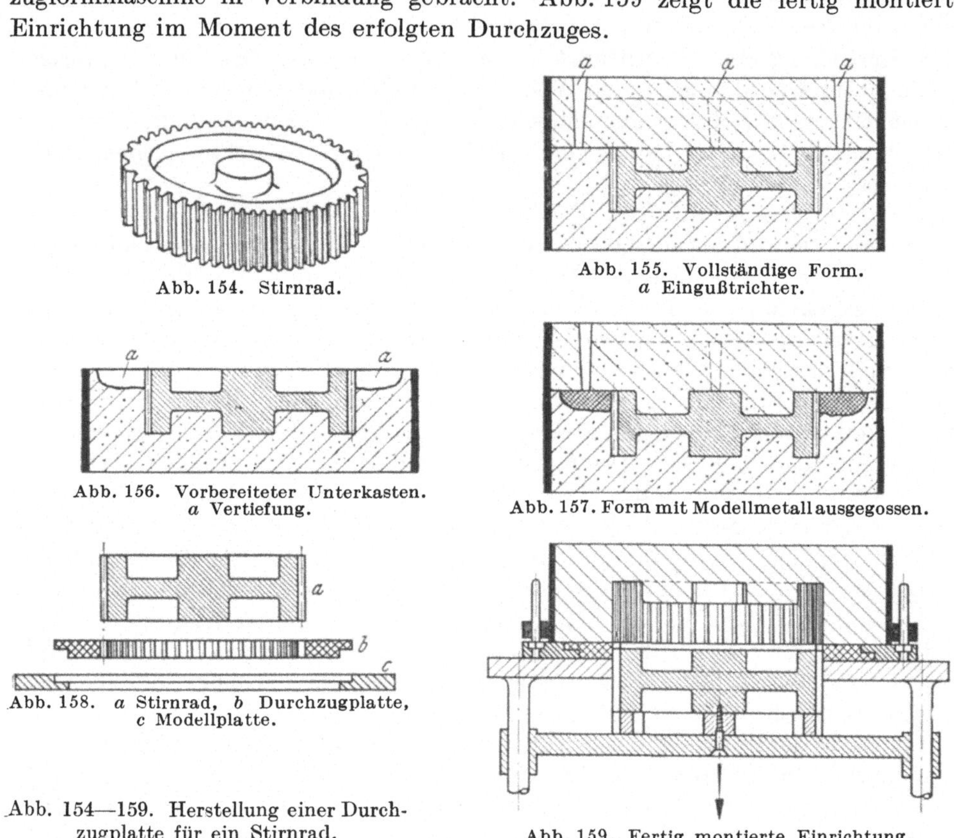

Abb. 154. Stirnrad.

Abb. 155. Vollständige Form. *a* Eingußtrichter.

Abb. 156. Vorbereiteter Unterkasten. *a* Vertiefung.

Abb. 157. Form mit Modellmetall ausgegossen.

Abb. 158. *a* Stirnrad, *b* Durchzugplatte, *c* Modellplatte.

Abb. 154—159. Herstellung einer Durchzugplatte für ein Stirnrad.

Abb. 159. Fertig montierte Einrichtung.

D. Sonderausführungen von Modellplatten.

1. Herstellung einer gegossenen Modellplatte. Immer häufiger gehen Gießereien dazu über, vollständige Modellplatten aus einem Guß herzustellen. Solche Modellplatten haben gegenüber anderen Plattenarten den Vorteil, daß sie fast unbegrenzt haltbar sind und alle Arten von Modellen benutzt werden können. Aluminium und Messing können als Plattenwerkstoff Verwendung finden, wobei sich durch Aluminium eine leichte und handliche Platte erzielen läßt. Ihre Herstellung ist allerdings teuer und lohnt sich nur dann, wenn die Anzahl der darauf herzustellenden Formen sehr groß ist. Da Modelle und Platte praktisch ein einziges Gußstück darstellen, wird zweckmäßigerweise eine solche Modellplatte *Formplatte* genannt.

Die Herstellung einer gegossenen Formplatte mit einem oder mehreren einfachen Modellen ist nicht sehr schwierig, bedarf aber einer sauberen und gleichmäßigen Arbeitsweise. Bei Platten mit verwickelten Modellen ist die Herstellung nicht so einfach, sie erfordert Übung und größte Sorgfalt und Genauigkeit. Je sorgfältiger bei der Herstellung und dem Gießvorgang gearbeitet wird, um so weniger Nachbearbeitung ist an der fertig gegossenen Platte erforderlich. Die Nachbearbeitung wird meist in der Modellschlosserei durchgeführt, sie gibt der Platte den letzten Schliff und ist nicht zuletzt ausschlaggebend für die Maßhaltigkeit der herzustellenden Abgüsse.

Im wesentlichen ist die Herstellung einer gegossenen Formplatte nichts anderes als die Anfertigung von zwei Abgüssen nach einem zusammengesetzten Modell. Dabei sind unter Modell sowohl das eigentliche Metall- oder Holzmodell als auch die Aufbauteile wie Rahmen und Holzleisten zu verstehen.

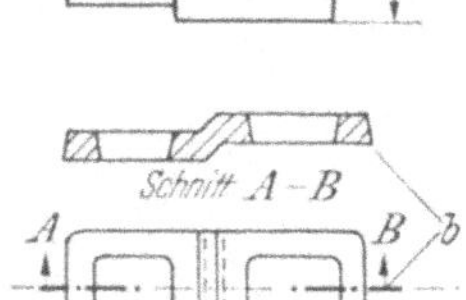

Abb. 160. Arbeitsmodelle für die gegossene Formplatte *a* Modell der Büchse; *b* Modell des Schiebers.

Anwendungsbeispiel. Es soll die Herstellung einer Aluminium-Formplatte beschrieben werden. Zwei Modelle, eine Lagerbüchse und ein Schieber, sind für diesen Zweck vorgesehen. Von der Lagerbüchse liegt ein geteiltes Holzmodell vor, der Schieber ist ein ungeteiltes Aluminiummodell. Es handelt sich bei beiden um Arbeitsmodelle (Abb. 160).

Da die vollständige Formplatte in Sand gegossen wird, geschieht ihre Herstellung und somit der Aufbau der Modelle in einem Formkasten, der mindestens an jeder Seite eine Handbreit größer ist als die Formplatte. Denn außer dieser muß genügend Platz für die Einguß- und Steigetrichter vorhanden sein.

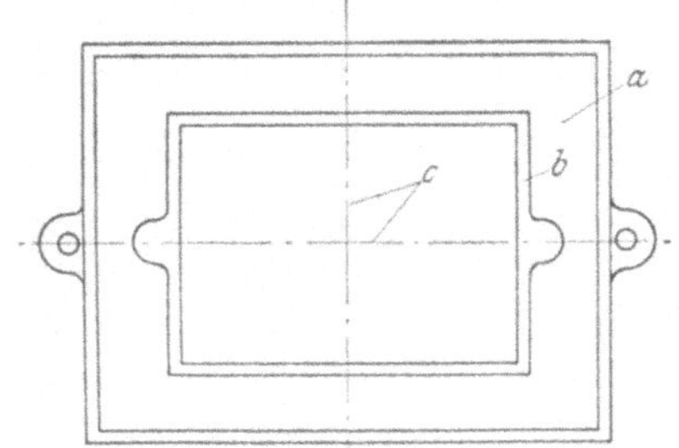

Abb. 161. Lage des Metallrahmens auf dem Aufstampfboden. *a* Aufstampfboden; *b* Metallrahmen R; *c* Mittelrisse.

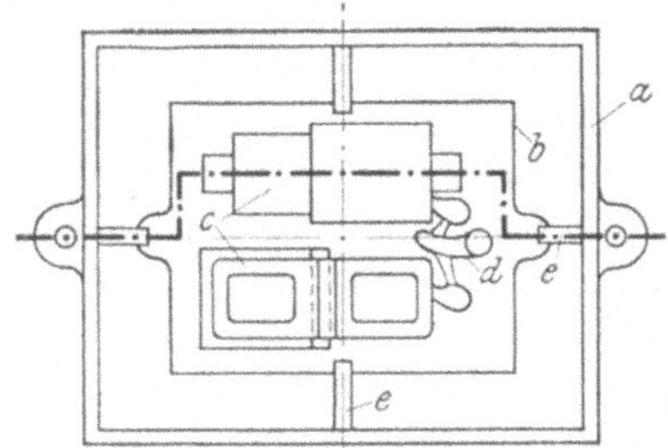

Abb. 162 Angerissener und mit Modellen belegter Aufstampfboden. *a* Aufstampfboden; *b* Anrisse; *c* Modelle; *d* Anschnitte und Läufe; *e* Bleistreifen.

Es wird zunächst von dieser Kastengröße ein Sandboden *a* (Abb. 161) aufgestampft. Der Boden soll möglichst hart und widerstandsfähig sein. In diesen Boden werden die Umrisse der zu gießenden Modellplatte eingeritzt. Das geschieht in zweckmäßiger Weise mit Hilfe eines Metallrahmens R (*b* in Abb. 161), der genau die Außenmaße der Formplatte besitzt und etwa 12 mm dick ist. Die Höhe des Rahmens beträgt etwa 30 mm. Dieser Rahmen ist sehr wichtig, er wird zu einem späteren Zeitpunkt noch einmal benutzt werden. Außer den Umrissen wird noch je ein Mittelriß *c* gezogen.

Nun werden die beiden Modelle, hier Büchse und Schieber, form- und gießgerecht in den Sandboden eingearbeitet bzw. aufgelegt. Anschnitte und Steiger werden angerissen. Vorteilhaft ist es, fertig vorliegende Anschnitte und Läufe in Form von Metallmodellen zu verwenden, sie ersparen das spätere Schneiden dieser Formteile in den harten Sand (Abb. 162).

Falls nur Modelle mit ebener Teilungsfläche in Frage kommen, kann an Stelle des Sandbodens eine Aufstampfplatte benutzt werden, wobei die Modelle auf die Platte aufgeschraubt werden.

Nachdem der Boden mit den Modellen hergerichtet ist, wird darauf ein Kasten aufgestampft (er soll HK-U — Hilfskasten-Unterteil — bezeichnet werden). Der Kasten muß sehr gleichmäßig und fest gestampft werden (Abb. 163).

Zuvor hat man auf die Anrisse Bleistreifen von etwa 25 ··· 30 mm Breite und 6 mm Dicke gelegt, die später ein bequemes Anreißen gestatten (*e* in Abb. 162). Die Blei-

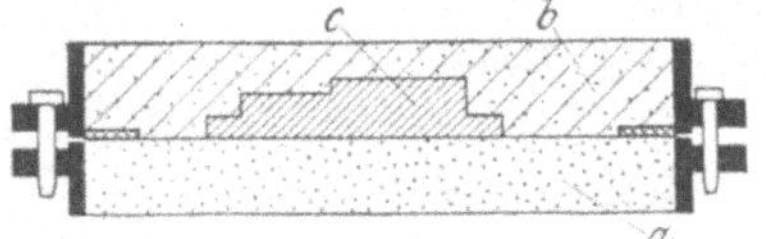

Abb. 163. Anfertigung des Hilfskastenunterteiles. *a* Aufstampfboden (Abb. 161); *b* Unterkasten HK-U; *c* Modellhälfte.

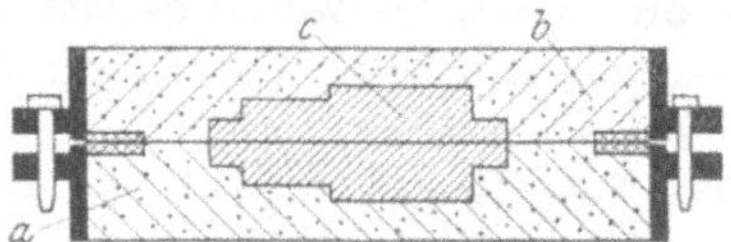

Abb. 164. Vollständiger Hilfskasten. *a* Unterkasten HK-U; *b* Oberkasten HK-O; *c* Modell.

streifen müssen so lang sein und so gelegt werden, daß sie gerade auf die zu gießende Modellplatte zu liegen kommen.

Der aufgestampfte Kasten wird nun abgehoben und sorgfältig nachgearbeitet. Modelle und Bleistreifen, soweit sie im Aufstampfboden hängen bleiben, werden aus dem Aufstampfboden herausgenommen und in den Kasten HK-U gelegt.

Nun wird auf dem Kasten HK-U der Oberkasten aufgestampft (er soll HK-O — Hilfkasten-Oberteil — bezeichnet werden). Auf die im Unterkasten HK-U liegenden Bleistreifen werden die ebenso großen Bleistreifen für den Oberkasten gelegt (Abb. 164).

Nach dem Abheben des Oberkastens werden beide Kästen HK-U und HK-O genau wie der Aufstampfboden angerissen. Die zu diesem Zweck mit aufgestampften Bleistreifen nehmen die Risse auf. Die so hergerichteten Kästen werden mit Petroleum angeblasen und einige Stunden luftgetrocknet. Die Sandoberfläche soll möglichst hart sein, damit sie sich bei der nun folgenden Stampfarbeit nicht verändert.

Jetzt erst beginnt die Anfertigung der Gießform für die Modellplatte.

Der zu Anfang erwähnte Rahmen (*b* in Abb. 161) wird auf den Kasten HK-U gelegt (*c* in Abb. 165) und dazu und zur Verstärkung der Formplatte noch zwei oder drei Holzleisten Ho (*d* in Abb. 165). Es sei hier ausdrücklich erwähnt, daß das Modell *nicht* in dem Kasten HK-U liegt. Der zu HK-U passende Formkasten wird aufgelegt und nun die erste Hälfte der ersten Gießform GF_1-O (Gießform-1-Oberteil) aufgestampft. Einguß- und Steigetrichter für die Gießform werden gleich mit berücksichtigt. Nach dem Aufstampfen wird der Kasten GF_1-O abgehoben und gewendet. Jetzt kann das Schneiden der Dicke der zu gießenden Modellplatte im Kasten GF_1-O erfolgen. Mit einem Lanzett schneidet man eine etwa 10 ··· 15 mm dicke Schicht der

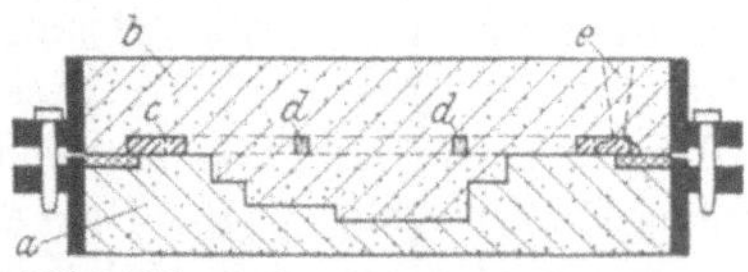

Abb. 165. Anfertigung des Gießform-Oberkastens. *a* Unterkasten HK-U; *b* Gießform GF_1-O; *c* Metallrahmen R (*b* in Abb. 161); *d* Holzleisten Ho; *e* Gießtrichter.

durch den Rahmen R eingeschlossenen Sandfläche fort und zwar auch über Vertiefungen und Erhöhungen. Anschließend nimmt man Rahmen R und Holzleisten Ho heraus, schneidet Anschnitt und Trichter und säubert die Form. Die gleichmäßige Dicke der abgetragenen Schicht prüft man zweckmäßig mit einem Tiefenmesser oder einem eigens dafür hergestellten Tiefenwerkzeug.

Nun wird der zugehörige Unterkasten GF_1-U (Gießform-1-Unterkasten) hergestellt. Und zwar wird diese Form von dem Kasten HK-O aufgestampft, ohne Rahmen R und Holzleisten Ho, aber *mit Modell* (Abb. 166). Es ist sehr viel Sorgfalt beim Aufstampfen dieser Form aufzuwenden, denn sie ergibt den formgebenden Teil der gegossenen Modellplatte.

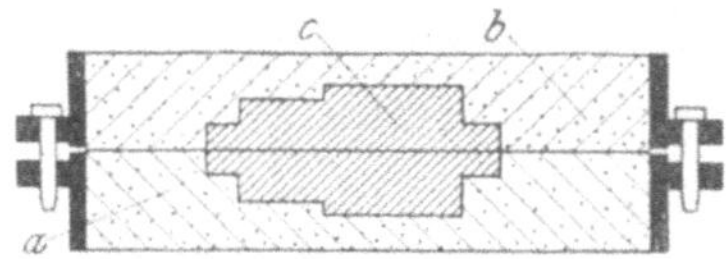

Abb. 166. Anfertigung des Gießform-Unterkastens. *a* Oberkasten HK-O; *b* Gießform GF_1-U; *c* Modell.

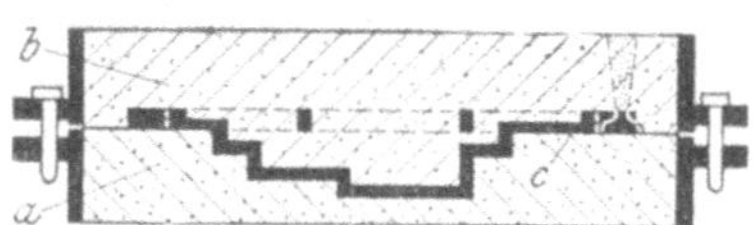

Abb. 167. Fertig gegossene Form. *a* GF_1-U; *b* GF_1-O; *c* Modellplatte.

Unterkasten GF_1-U und Oberkasten GF_1-O werden jetzt aufeinandergedeckt und bilden somit die fertige Form zum Abgießen (Abb. 167). Auf diese Weise ist die erste Gießform GF_1 für eine Modellplattenhälfte der gegossenen Formplatte entstanden.

Die andere Modellplattenhälfte wird durch Herstellen einer zweiten Gießform GF_2 angefertigt. Dabei geht man den umgekehrten Weg. Die Gießform GF_2-O wird von dem Kasten HK-O aufgestampft, ebenfalls unter Benutzung des Rahmens R. Es sei hier noch erwähnt, daß die Lage des Rahmens R auf den Bleistreifen genau angerissen werden muß. Nur so ist die Gewähr dafür gegeben, daß der Rahmen R sowohl im Kasten HK-U als auch später im Kasten HK-O auf genau die gleiche Stelle zu liegen kommt. Das Modell ist bei diesem Arbeitsgang nicht in dem Kasten HK-O vorhanden.

Anschließend wird die Gießform GF_2-U von dem Kasten HK-U aufgestampft, ohne Rahmen R, aber mit Modell. Schließlich setzt man aus dem Unterkasten GF_2-U und dem Oberkasten GF_2-O die vollständige Gießform GF_2 zusammen und gießt sie ab. Somit wäre also auch die zweite Modellplattenhälfte der gegossenen Formplatte fertig.

Die so gegossenen Modellplatten werden in der Modellschlosserei nachbearbeitet. Ebenso werden nun in der Schlosserei die Führungslöcher der Lappen unter Verwendung einer Lehre angebracht.

2. Herstellung einer Kernausdrückplatte. Das Einlegen vieler Kerne ist oft sehr zeitraubend und ist nicht selten mit erheblichem Ausschuß verbunden infolge Kernverlagerungen und Kernabrieb.

Hat eine Gießerei laufend große Mengen kleiner Gußteile mit einem oder mehreren Kernen herzustellen, so ist die Anfertigung einer Kernausdrückplatte zu überlegen. Voraussetzung ist, daß es sich um Stehkerne handelt und die Anzahl Kerne je Kasten die Herstellung einer so teuren Platte rechtfertigt. Durch die Kernausdrückplatte lassen sich die reinen Arbeitszeiten je Formkasten erheblich senken, außerdem spart man die Herstellungskosten für die Kerne.

Es lassen sich Kerne der verschiedensten Querschnittsform ausdrücken und in besonderen Fällen auch abgesetzte Kerne. Die Ausdrückköhe ist allerdings begrenzt und wird bestimmt durch die Festigkeit des verwendeten Formstoffes. Denn es ist zu berücksichtigen, daß die Kerne frei hängen und die Form nicht selten Erschütterungen beim Transport ausgesetzt ist. Die auszudrückenden Kerne erfordern keine Formschräge. Die Kernausdrückplatte ist eine montierte Formplatte.

Anwendungsbeispiel. Nachstehend wird die Herstellung einer Kernausdrückplatte für 26 Kerne beschrieben.

Bei den herzustellenden Gußstücken handelt es sich um eine Büchse, die in Bronze gegossen wird (Abb. 168). Den Abmessungen der Formplatte entsprechend sind 26 Arbeitsmodelle in Messing erforderlich. Zwecks Befestigung der Modelle

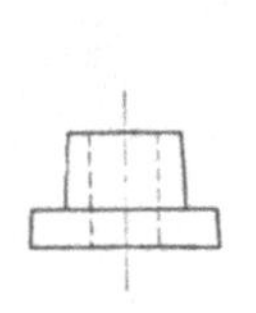

Abb. 168. Abguß in GBz.

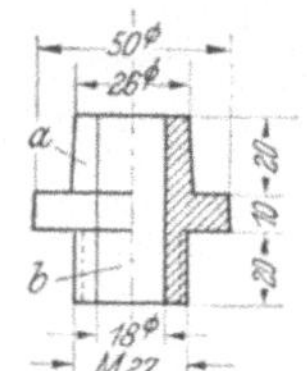

Abb. 169. Arbeitsmodell. *a* eigentliche Büchse; *b* Ansatz mit Gewinde.

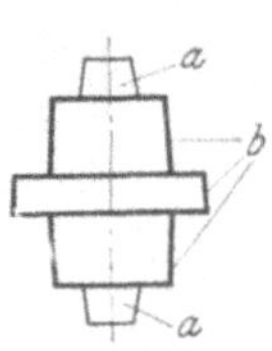

Abb. 170. Muttermodell. *a* Kernmarken; *b* Bearbeitungszugabe.

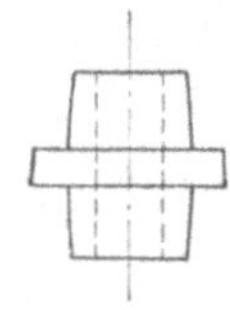

Abb. 171. Arbeitsmodell, unbearbeitet.

aus der Eisenplatte erhalten sie einen Ansatz, der mit Gewinde versehen wird, um die Modelle aufzuschrauben (Abb. 169). Das Muttermodell ist außer um das Schwindmaß auch noch um eine Bearbeitungszugabe für die Arbeitsmodelle größer anzufertigen.

Außerdem erhält das Muttermodell Kernmarken für einen Kern von 16 mm Durchmesser (Abb. 170). Bei der Anfertigung der Arbeitsmodelle wird dieser Kern eingelegt und somit eine zylindrische Bohrung erhalten (Abb. 171). Die so nach dem Muttermodell geformten Arbeitsmodelle werden auf der Drehbank nachgedreht. Zu diesem Zweck nimmt man sie an der Büchse *a* (Abb. 169) im Futter auf und bearbeitet den Gewinde-Ansatz *b* auf einen Durchmesser von 27 mm. Man bearbeitet die Anlagefläche und die Stirnseite des Ansatzes anschließend so, daß die Höhe des Ansatzes 20 mm beträgt. Jetzt spannt man das Modell um, d. h. man nimmt es an dem bearbeiteten Ansatz auf. Somit ist man in der Lage, die Büchse *a* außen und die Bohrung innen auf genaues Maß zu bearbeiten. Die Formschräge ist dabei zu berücksichtigen. Nachdem alle Modelle auf diese Weise bearbeitet sind, steckt man sie nacheinander auf einen Drehdorn von 18 mm und schneidet auf den Ansatz ein Gewinde von M 27.

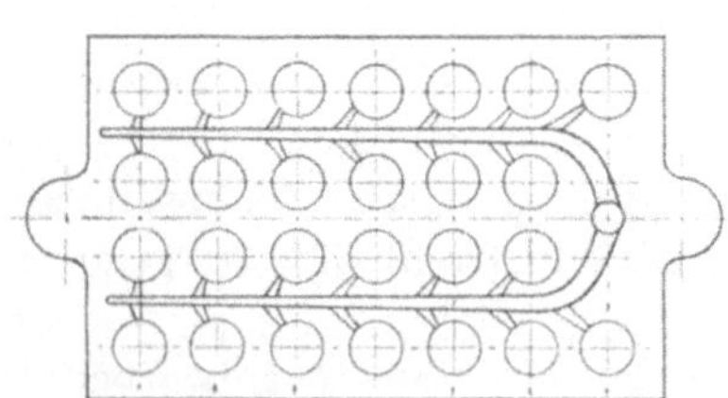

Abb. 172. Angerissene Modellplatte.

Der Aufbau der Modelle auf der Eisenplatte beginnt mit dem Anreißen der Lage der Modelle. Außerdem werden Anschnitte und Läufe festgelegt (Abb. 172). Nun werden die Modellmitten angekörnt und in der Eisenplatte Bohrungen von 18 mm angebracht.

Das Ausstoßen der Kerne geschieht durch Stempel, die für sich auf einer Platte *d* (Abb. 173) angebracht sind. Sie werden zweckmäßig aus Stahl hergestellt, mit einem Ansatz versehen und ebenso wie die Modelle *a* eingeschraubt. Die Platte *d*, auf der sie befestigt sind, kommt unter die Modellplatte *b* zu liegen.

Die mit 26 Bohrungen versehene Modellplatte und die für die Stempel vorgesehene Platte werden in Führungen aufeinandergelegt und die Bohrungen auf die Stempelplatte übertragen.

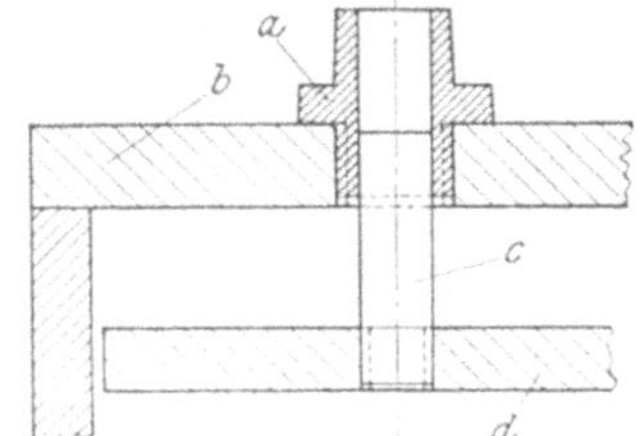

Abb. 173. Ausdrückmechanismus. *a* Modell; *b* Modellplatte; *c* Stempel; *d* Ausdrückplatte mit Stempel (Stempelplatte).

Ist dies geschehen, werden die Bohrungen von 18 mm in der Modellplatte *b* auf ein Maß von 23,5 mm aufgebohrt. Das entspricht dem Kerndurchmesser des Gewindes M 27. Anschließend schneidet man mit Hilfe eines Gewindeschneidapparates in die Modellplatte die Gewinde M 27.

Nun können die Modelle eingeschraubt und die Läufe und Steiger befestigt werden. Ebenso geschieht nun das Einschrauben der Stempel in die Stempelplatte.

Modellplatte und Stempelplatte werden mit Hilfe eines Zwischenrahmens auf der Formmaschine befestigt. Dabei werden die Stempel bereits in dem Ansatz der Modelle entsprechend geführt. In der Ruhestellung gehen die Stempel bis 1 mm

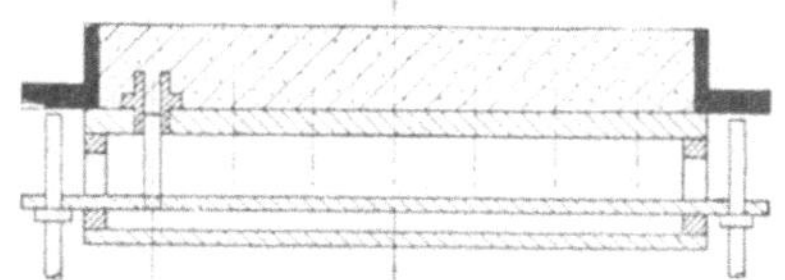
Abb. 174. Schematische Darstellung der Modellplatte und Kernausdrückplatte (Stempelplatte) auf der Formmaschine.

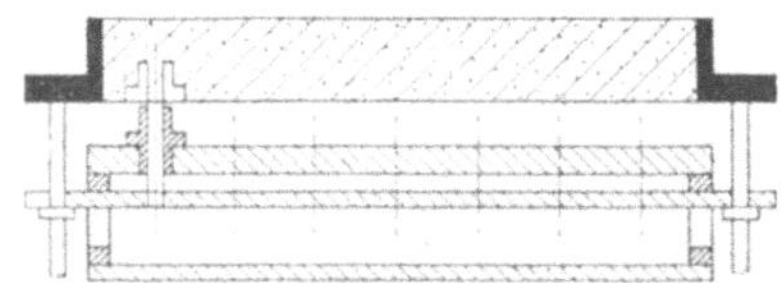
Abb. 175. Schematische Darstellung der Modellplatte und Stempelplatte auf der Formmaschine (Formkasten abgehoben).

unter den Boden der eigentlichen Büchse. Beim Abheben ist der Hub so einzustellen, daß zunächst 1 mm Sand durch die Stempel zusammengepreßt wird. Dann erst werden gleichzeitig die Kerne ausgestoßen und der Formkasten abgehoben.

Je nach Art der Formmaschine ist der Aufbau der beiden Platten etwas anders durchzuführen. Eine schematische Darstellung der Arbeitsweise und der Ruhestellung zeigen die Abb. 174 u. 175.

721/56/52
(IV/5/1)

Fachkunde für den Modellbau. Von **E. Kadlec.** (Werkstattbücher für Betriebsangestellte, Konstrukteure und Facharbeiter. Hrsg. v. H. Haake, Hamburg, Heft 72.) Zweite, verbesserte Auflage des zuerst unter dem Titel „Das ABC für den Modellbau" erschienenen Heftes. Mit 387 Abbildungen. 68 Seiten. 1951. DM 3,60

„... Der Modellbau wurde im engsten Zusammenhang mit der Formarbeit behandelt, mit der er ja auch in der Praxis untrennbar verbunden ist. Knappste, stichwortartige Ausdrucksweise unter Verzicht auf jedes unnötige, schmückende Beiwerk haben es zusammen mit den 387 Abbildungen ermöglicht, auf dem beschränkten Raum eines Werkstattbuches eine fast lückenlose Übersicht über den Modellbau zu schaffen ..." *„Werkstattstechnik u. Maschinenbau"*

Der Holzmodellbau. 1. Teil: **Allgemeines. Einfachere Modelle.** Von **R. Löwer.** (Werkstattbücher für Betriebsangestellte, Konstrukteure und Facharbeiter. Hrsg. v. H. Haake, Hamburg, Heft 14.) Dritte, verbesserte Auflage. Mit 141 Abbildungen. 59 Seiten. 1950. DM 3,60

2. Teil: **Beispiele von Modellen und Schablonen zum Formen.** Von **R. Löwer.** (Werkstattbücher für Betriebsangestellte, Konstrukteure und Facharbeiter. Hrsg. v. H. Haake, Hamburg, Heft 17.) Dritte, verbesserte Auflage. Mit 179 Abbildungen. 50 Seiten. 1950. DM 3,60

„Jeder, der mit der Guß-Erzeugung und -Beschaffung zu tun hat, sollte sich intensiv mit dem Problem des Modellbaues beschäftigen, denn das Modell ist nicht etwa ein notwendiges Übel zur Herstellung eines Gußstückes, sondern ein Mittel zum Zweck. Dabei wird er die wirtschaftlichen Möglichkeiten erkennen, die das formtechnisch richtig gebaute Modell bietet. In dem vorliegenden 1. und 2. Teil der 3. Auflage dieser beiden Werkstattbücher sind diese wesentlichen Merkmale allgemeinverständlich und so geschickt herausgestellt, daß der Erwerb der Hefte jedem für Technik Interessierten nur empfohlen werden kann." *„Zeitschrift des Vereins Deutscher Ingenieure"*

Maschinenformerei. Von **H. Allendorf.** (Werkstattbücher für Betriebsangestellte, Konstrukteure und Facharbeiter. Hrsg. v. H. Haake, Hamburg, Heft 66.) Zweite, neubearbeitete Auflage des vorher von U. Lohse † bearbeiteten Heftes. Mit 137 Abbildungen. 72 Seiten. 1950. DM 3,60

„In diesem Heft sind sehr geschickt die wesentlichen Konstruktionen der gebräuchlichen Form- und Kernherstellungsmaschinen bzw. Blasmaschinen übersichtlich und allgemeinverständlich dargestellt. Außer schematischen Zeichnungen werden auch Maschinenbeschreibungen gegeben und ihre Verwendungszwecke sowie die günstigsten Einsatzmöglichkeiten herausgestellt. Das kleine Werk vermittelt die Kenntnis der wirtschaftlichen Form- und Kernherstellung und gibt außerdem auch manche Anregung für den praktischen Gießereibetrieb." *„Zeitschrift des Vereins Deutscher Ingenieure"*

Handformerei. Ausgewählte Beispiele aus der Praxis für die Praxis. Von **Fr. Naumann.** (Werkstattbücher für Betriebsangestellte, Konstrukteure und Facharbeiter. Hrsg. v. H. Haake, Hamburg, Heft 70.) Zweite, neubearbeitete Auflage. Mit 217 Abbildungen. 55 Seiten. 1950. DM 3,60

„... Mit 217 im Text verstreuten Bildern (guten Fotos und Skizzen) erläutert er die wachen Geist und sichere Hand gleichmäßig benötigende Arbeit des Handformers.

Die Fülle der praktischen Hinweise, die dieses Buch enthält, verrät den gewiegten Praktiker, der hier langjährige Berufserfahrungen in leicht verständlicher Form vermittelt ..." *„Feinwerktechnik"*

SPRINGER-VERLAG BERLIN / GÖTTINGEN / HEIDELBERG

II. Spangebende Formung (Fortsetzung)

III. Spanlose Formung

IV. Schweißen, Löten, Gießerei

(*Fortsetzung 4. Umschlagseite*)